“机动车船污染防治和治理”系列丛书

移动源环境保护
知识问答

生态环境部大气环境司
中国环境科学研究院 编著

中国环境出版集团·北京

图书在版编目（CIP）数据

移动源环境保护知识问答/生态环境部大气环境司，中国环境科学研究院编著．—北京：中国环境出版集团，2021.10
（“机动车船污染防治和治理”系列丛书）
ISBN 978-7-5111-4947-3

Ⅰ．①移…　Ⅱ．①生…②中…　Ⅲ．①移动污染源—环境保护—中国—问题解答　Ⅳ．①X501-44

中国版本图书馆 CIP 数据核字（2021）第 212441 号

出 版 人　武德凯
责任编辑　张维平
责任校对　任　丽
封面设计　岳　帅

出版发行　中国环境出版集团
（100062　北京市东城区广渠门内大街 16 号）
网　　址：http://www.cesp.com.cn
电子邮箱：bjgl@cesp.com.cn
联系电话：010-67112765（编辑管理部）
010-67113412（第二分社）
发行热线：010-67125803，010-67113405（传真）
印　　刷　北京建宏印刷有限公司
经　　销　各地新华书店
版　　次　2021 年 10 月第 1 版
印　　次　2021 年 10 月第 1 次印刷
开　　本　880×1230　1/32
印　　张　7.5
字　　数　200 千字
定　　价　66.00 元

《移动源环境保护知识问答》编委会

主　编

倪　红　丁　焰

编写人员

尹　航	崔明明	张鹤丰	王英才	卢威严
王明达	李　刚	贾　明	马　冬	伍晨波
刘　嘉	朱红国	王宏丽	李　凯	郝春晓
屈小梭	张　艳	桑　健	伊　飞	马　帅
赵海光	祖　雷	皮晓超	黄志辉	姜　艳
王鸣宇	吉　喆	彭　頔	栾彩霞	白　涛

前言

大气环境保护事关人民群众根本利益，事关全面建成小康社会、经济高质量发展和美丽中国建设。2018 年 6 月 27 日，国务院正式印发《打赢蓝天保卫战三年行动计划》，2018 年 12 月，生态环境部等 11 部门联合印发《柴油货车污染治理攻坚战行动计划》，部署了清洁柴油车、清洁柴油机、清洁运输和清洁油品四大行动措施。当前，我国移动源污染问题日益突出，据《第二次全国污染源普查公报》统计显示，2017 年移动源 NO_x 和 VOCs 排放量分别约占污染源排放总量的 60%和 24%。2018 年发布的《中国机动车环境管理年报》中各地 $PM_{2.5}$ 源解析结果表明，移动源对 $PM_{2.5}$ 的质量浓度贡献率在 13.5%～52.1%，已成为北京、上海、深圳、成都等大中型城市空气污染的主要来源。机动车船大都运行在城市区域的人口密集区，因此排放的污染物直接危害人体健康。

“十三五”期间，在党中央、国务院总体部署下，通过不断完善法律法规标准体系，移动源污染防控在提升新车污染防治水平、淘汰老旧机动车、综合整治非道路移动源、推进运输结构调整、加速推进车辆燃油低硫化进程等方面取得了积极进展。一是全国人大常委会2015年修订发布了《中华人民共和国大气污染防治法》，提出了建立机动车船环保信息公开、排放达标、环保召回等基本环境保护制度。二是2016年以来，国家陆续发布了轻型车、重型车国家第六阶段及在用汽车等的排放标准，机动车船污染控制技术水平进一步提高，为机动车船产业高质量发展奠定了坚实的基础。三是京津冀三地发布了移动源专项条例，《中华人民共和国大气污染防治法》提出的重点区域联防联控统一规划、统一标准、统一监测、统一污染防治措施在京津冀区域移动源管控中得到落实。四是运输结构调整取得明显进展，2017年开始推进运输结构调整工作后，铁路货运量逐年提高，2017年、2018年、2019年三年分别增长7.80%、7.93%、8.08%。五是覆盖机动车船全生命周期的环境管理制度体系构建完成，建立了事前信息公开、事中达标监管、事后环保召回的新车环境管理制度。“天-地-车-人”一体化的在用车监控系统构建完成，实现了机动车排放检验机构和遥感监测三级联网。有关部门持续开展新生产、在用机动车及排放检验机构监督执法检查，逐渐形成日常监管机制。虽然“十三五”以来移动源污染防治取得显著进展，但在严峻的大气污染形势面前，移动源污染防治仍面临很大压力，相对于固定源污染防治，移动源污染防治人员能力较弱，尤其是在市、县层面，能力严重不足，普遍存在认识不够、基础知识严重缺乏、污染防治体系不够完善等问题，已成为我国大气污染防治工作的薄弱环节和短板，迫切需要进一步加强指导和推进。

为配合做好移动源污染防治，尤其是落实柴油货车污染治理攻坚战任务，实现科学治污、依法治污和精准治污，切实解决环保、产业及相关方面的实际困难，方便相关业务人员学习使用和提高业务能力，生态环境部大气环境司和中国环境科学研究院联合编制了“机动车船污染防治和治理”系列丛书。丛书涉及移动源法律法规、地方规章、规定及排放标准、污染治理基础知识等内容。

《移动源环境保护知识问答》分为六篇，依次介绍移动源排放基础知识、相关环境保护法规政策、移动源排放标准、排放控制技术、车用燃料和机动车船使用常识等。本书在编写过程中，得到了多位专家的指导和众多同事和朋友的大力支持，在此表示诚挚的感谢。

由于作者的知识水平和能力有限，书中难免有不妥之处，恳请广大读者不吝赐教和指正。

生态环境部大气环境司

中国环境科学研究院

2021 年 8 月

目录

第一篇　移动源排放知识篇

当前，机动车、非道路移动机械、船舶、火车和飞机等移动污染源（简称移动源）污染问题日益突出，成为城市空气污染的主要来源。因此，国家高度重视移动源的污染防治工作，打赢蓝天保卫战、打赢柴油货车污染治理攻坚战成为建设美丽中国的重要战役。

为提升各部门工作人员对机动车船污染治理相关法规政策的理解，增加对移动源排放控制技术和污染成因的了解，从而在具体措施制定和实施过程中能够做到精准发力、高效落实，支撑移动源污染防治各项工作顺利开展，编者梳理了我国移动源污染防治的相关法规、政策、标准和技术内容，针对常见问题，以通俗易懂的问答形式，系统进行移动源污染防治相关知识的科普介绍。

“移动源排放知识篇”，分为五章，分别介绍了什么是移动源，移动源排放的污染物有多少，对大气环境及温室效应的影响有多大，以及移动源噪声排放的环境危害。本篇第一章由倪红编写，第二、第三章由王宏丽编写，第四、第五章由栾彩霞编写。

第一章
移动源基本知识

1. 什么是移动源?

移动源是移动式空气污染源的简称，泛指位置可以移动的空气污染物排放源。通常，也将各类移动源统称为机动车船。国际上根据不同类型机动车船的使用场所，把移动源分成道路移动源和非道路移动源两大类。道路移动源主要指在道路上行驶的，以载客和载货为主要功能的车辆，如汽车、摩托车和三轮汽车，统称为机动车；非道路移动源指不以道路为主要工作场所的非道路移动机械、船舶、铁路机车和飞机等。

2. 道路移动源有哪些种类?

道路移动源包括汽车、摩托车和三轮汽车，一般统称为机动车。

	**轻型汽车：**最大设计总质量不超过 3 500 kg 的汽车
	**重型汽车：**最大设计总质量大于 3 500 kg 的汽车
	**摩托车：**最大设计车速超过 50 km/h，发动机排量超过 50 ml 的两轮车、边三轮车和正三轮车
	**轻便摩托车：**最大设计车速不超过 50 km/h，发动机排量不超过 50 ml 的两轮车和三轮车
	**三轮汽车：**最高设计车速小于等于 50 km/h，具有三个车轮的载货车

对于一些既能在道路上行驶，也可以进行施工作业的机动车，如起重车、自卸车等，在我国以车辆是否在交通管理部门进行注册登记来界定该车辆是汽车还是非道路移动机械。

目前，不同的法规标准对汽车的分类方法是不一致的，在实际工作中应注意，当执行某排放标准时，应该优先参照该标准定义执行，当排放标准中无相关定义时，可参考其他标准。

3. 摩托车有哪些种类?

摩托车根据发动机的气缸排量和最高设计车速分为摩托车和轻便摩托车两种，其具体区别见下表。本书中所述“摩托车”有时泛指摩托车和轻便摩托车。

摩托车	 两轮摩托车（L_3类）	指发动机排量超过 50 ml，或最高设计车速超过 50 km/h 的两轮车辆
	 边三轮摩托车（L_4类）	指发动机排量超过 50 ml，或最高设计车速超过 50 km/h，三个车轮相对于车辆的纵向中心平面为非对称布置的车辆
	 正三轮摩托车（L_4类）	指发动机排量超过 50 ml，或最高设计车速超过 50 km/h，三个车轮相对于车辆的纵向中心平面为对称布置的车辆
轻便摩托车	 两轮轻便摩托车（L_1类）	指发动机排量不超过 50 ml，且最高设计车速不超过 50 km/h 的两轮车辆
	 三轮轻便摩托车（L_2类）	指发动机排量不超过 50 ml，且最高设计车速不超过 50 km/h，具有任何车轮布置形式的三轮车辆

4. 非道路移动源有哪些种类?

非道路移动源有非道路移动机械、船舶、铁路机车、飞机等。

  	**非道路移动机械：**指所有不能上路行驶的，以内燃机等为动力的，具有可移动性的机械设备。非道路移动机械按照应用领域分类包括工程机械、农业机械、林业机械、机场地勤设备和发电机组等。按照燃料类型分类则主要有柴油机械和汽油机械
	**船舶：**泛指能够在水上移动的交通运输工具。我国船舶排放标准适用于内河船、沿海船、江海直达船、海峡（渡）船和渔业船舶
	**铁路机车：**牵引或推送铁路车辆运行，而本身不装载营业载荷的自推进车辆，俗称火车头。我国正在制定排放标准
	**飞机：**指具有机翼、一台或多台发动机的靠自身动力驱动前进，能在太空或者大气中飞行，且自身的密度大于空气的航空器

5. 柴油机械有哪些种类？

柴油机械一般为大型机械，其中工程机械有挖掘机、装载机、叉车、矿车、起重机等；农业机械有拖拉机、收割机等；林业机械有营林机械、大型油锯等；机场地勤设备有行李运输车、导航车、飞机除雪车等。柴油机械中也有小型机械，如小型水泵、小型发电机等。柴油机械在我国基础建设和农业生产等重要领域发挥着巨大的作用。

工程机械——起重机

工程机械——挖掘机

农业机械——联合收割机

机场地勤设备——飞机除雪车

6. 汽油机械有哪些种类?

汽油机械以通用小型汽油机械（简称“小通机”）为主。主要用途涉及农业、工程、园林、发电、应急救援、环卫、休闲娱乐等诸多领域。小通机与社会生活息息相关，并发挥着不可替代的作用。既有在疫情防控战场中的喷雾喷粉机、抗击“利奇马”台风的舷外机和水泵，也有春耕生产中的打药机、插秧机和微耕机，还有扮靓美丽家园的割草机、绿篱修剪机等。

植保机械——喷雾机

船舶用——舷外机

农业机械——插秧机

园林机械——绿篱修剪机

7. 我国有多少汽车?

据公安部和国家统计局数据，2019 年全国机动车保有量达 3.48 亿辆，包括汽车、低速汽车、摩托车、挂车与拖拉机等。其中，全国汽车保有量达 2.6 亿辆，同比增长 8.8%。全国 66 个城市汽车保有量超过 100 万辆，30 个城市超过 200 万辆，其中北京、成都、重庆、苏州、上海、郑州、深圳、西安、武汉、东莞、天津 11 个城市超过 300 万辆。

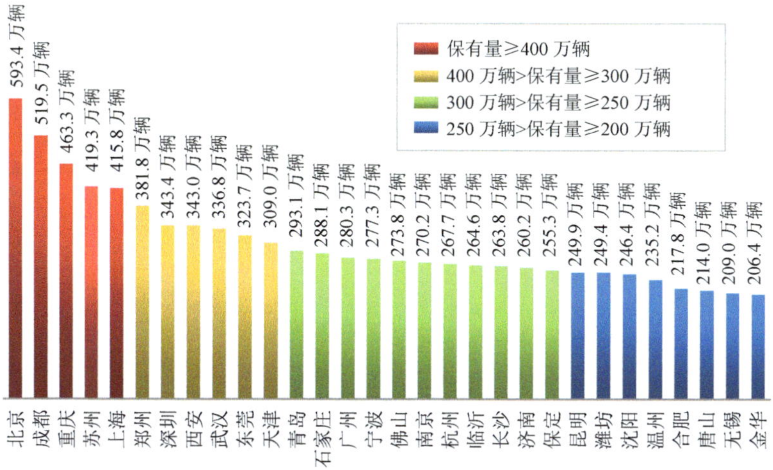

2019 年，全国新能源汽车保有量达 381 万辆，约占汽车总保有量的 1.5%，其中纯电动汽车保有量 310 万辆，占新能源汽车总量的 81.4%。新能源汽车增量连续两年超过 100 万辆，呈快速增长趋势。

第二章
移动源排放状况

1. 移动源排放哪些污染物?

移动源污染主要分为三类：大气污染、噪声和电磁辐射。目前，我国移动源环保管理的范畴包括大气污染和噪声两大类。一般来说，移动源排放污染物是指移动源产生的排气污染物、蒸发污染物（主要指以汽油为燃料的机动车等产生的燃油蒸发排放）和曲轴箱排放物的总称。汽车在行驶过程中，由于地面与轮胎之间的摩擦及刹车片摩擦造成的表面磨损，也会产生颗粒物污染，但目前尚未对其进行控制。

排气污染物：

通常被称为“尾气”，指发动机排气管排出的废气中由于不完全燃烧而产生的一氧化碳（CO）、碳氢化合物（HC）、氮氧化物（NO_x）、二氧化硫（SO_2）、颗粒物（PM）、甲烷（CH_4）等污染物。汽车国六标准中还对二氧化碳（CO_2）、一氧化二氮（N_2O）提出要求。

蒸发污染物：

指燃油蒸气从油箱、燃料供给系统、润滑系统逸出而产生的有害油气，以及车内装饰和汽车上涂料产生的溶剂蒸气等。

曲轴箱排放物：

指从曲轴箱通风孔溢出的有机物等有害物质。

2. 移动源排放多少污染物?

根据第二次全国污染源普查发布的数据，2017 年移动源排放的 4 项大气污染物总计 1 381.1 万 t，占所有污染源的 27%。其中，氮氧化物（NO_x）占比最高，为 60%；挥发性有机物（主要为碳氢化合物）占比 24%，亦不容忽视；二氧化硫（SO_2）占比 6%，主要来自船舶燃油硫化物燃烧后的排放；颗粒物（PM）占比 2%，移动源排放颗粒物粒径小、质量轻，因而颗粒物排放量按质量计较小，但移动源排放的颗粒数量很大，在大气中会参与形成二次颗粒，对人体危害较大。

NO_x 排放情况

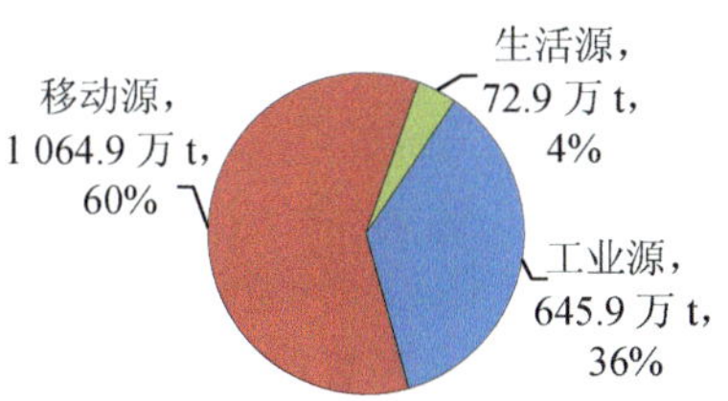

PM 排放情况

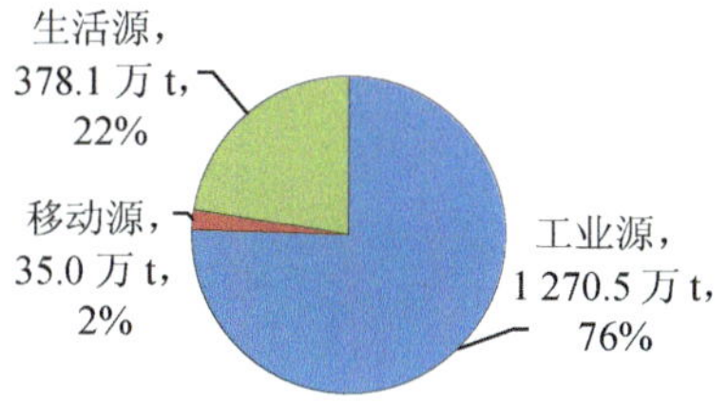

HC 排放情况

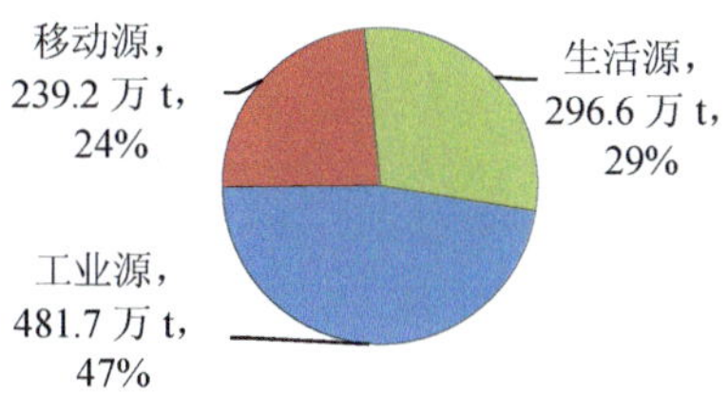

3. 各类移动源排放污染物的总体情况如何?

根据《中国移动源环境管理年报》（2020 年）的报告，2019 年我国移动源碳氢化合物（HC）排放 232.7 万 t，其中机动车排放 189.2 万 t，占比 81.3%；氮氧化物（NO_x）排放 1 128.9 万 t，其中机动车排放 635.6 万 t，占比 56.3%，略高于非道路移动源；颗粒物（PM）排放 31.4 万 t，其中非道路移动源排放 24.0 万 t，占比 76.4%。各类移动源排放情况如下图。

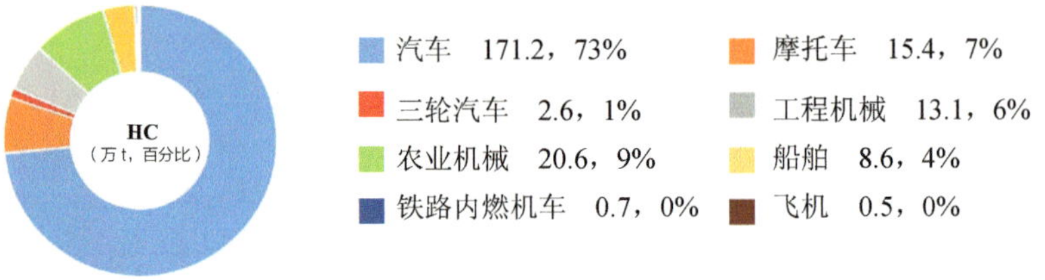

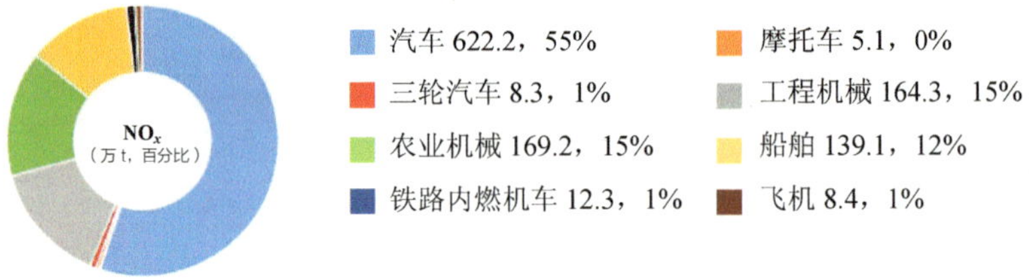

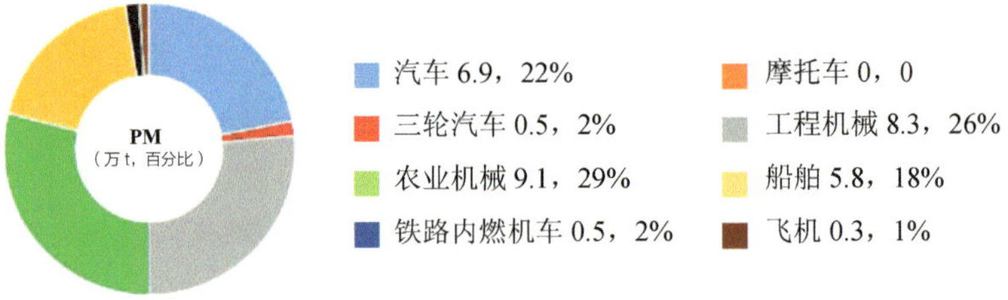

4. 各类移动源碳氢化合物排放情况如何?

机动车 HC 排放量在移动源中占比最高，达到 81.3%。其中，汽车排放量为 171.2 万 t，处于首要位置，小型客车排放最高，占比达到 70.5%。除了汽油车尾气中 HC 排放因子高于柴油车，燃油蒸发产生的排放量也比较大。除汽车外，排放量较大的依次是农业机械、摩托车、工程机械。从燃料类型来看，HC 排放主要来源于汽油车。

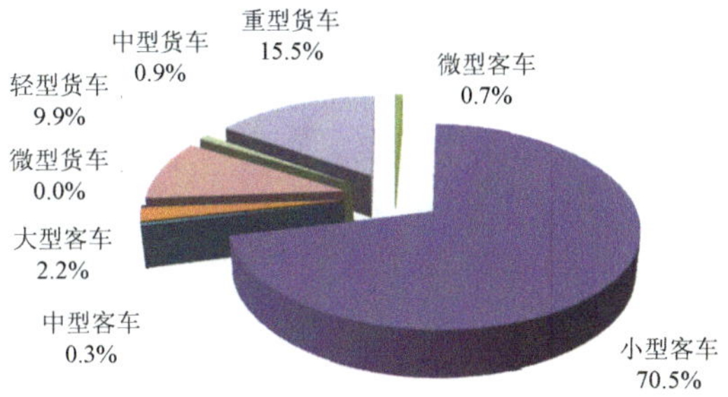

各类汽车 HC 排放分担率

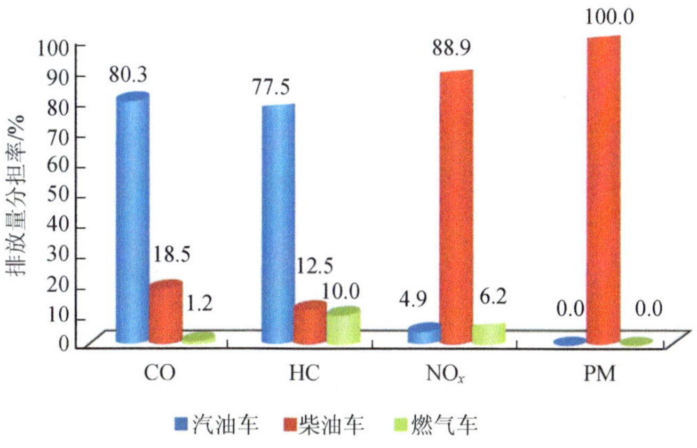

不同类型燃料汽车污染物排放分担率

5. 各类移动源氮氧化物排放情况如何?

2019 年，所有移动源中机动车 NO_x 排放占比达到 56.3%，其中重型车排放量最大，柴油货车是汽车污染主要贡献者。非道路移动源中工程机械、农业机械、船舶排放量大面广，也需重视。非道路机械中，装载机、挖掘机、叉车、拖拉机等排放占比较高。

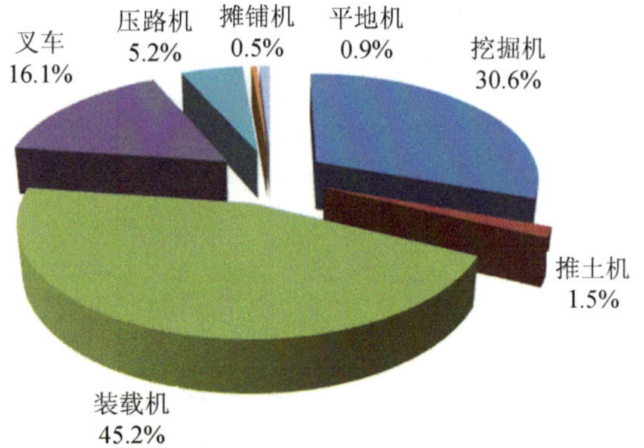

各类型工程机械 NO_x 排放分担率

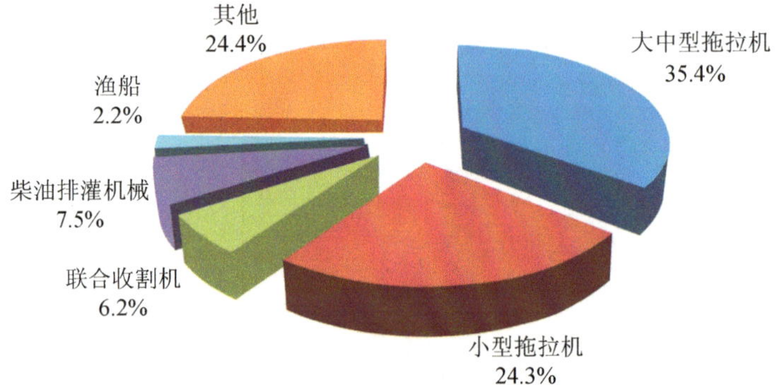

各类型农业机械 NO_x 排放分担率

第三章 移动源排放对大气环境的影响

1. 空气污染的来源有哪些?

空气污染的来源主要有四方面，分别是工业源、移动源、生活源和自然源。

（1）工业源：工业排放到大气中的污染物种类繁多，性质复杂，有烟尘、硫氧化物、氮氧化物、有机化合物、卤化物、含碳化合物等

（2）移动源：汽车、火车、飞机、轮船等运输工具燃煤或石油产生的废气是重要的污染物。特别是城市中的汽车，在人群密集区域形成集中排放

（3）生活源：城市中民用生活炉灶和采暖锅炉消耗大量煤炭，燃烧过程中释放的灰尘、SO_2、CO 等污染大气。特别是在冬季采暖时，往往使污染地区烟雾弥漫

（4）自然源：火山喷发时有大量的粉尘和 CO_2 等释放到大气中；森林大面积火灾会形成 CO_2 和烟尘污染

2. 汽车排放造成过污染事件吗?

最著名的由汽车排放造成的污染事件是美国洛杉矶光化学烟雾事件。美国洛杉矶市自 1942 年起频发光化学烟雾事件。仅在 1952 年 12 月那次，洛杉矶市 65 岁以上的老人死亡 400 多人，还有许多人出现眼睛痛、头痛、呼吸困难等症状，甚至植物等也受到了严重损伤。洛杉矶当时有 200 多万辆汽车，相当于北京目前汽车数量的 1/3。

光化学烟雾产生的主要原因之一是大量聚集的汽车尾气和蒸发排放的碳氢化合物和氮氧化物，这些污染物在阳光作用下，与空气中其他成分发生化学作用而产生有毒气体并形成烟雾。该烟雾中含有臭氧、二氧化氮、过氧乙酰硝酸酯（PAN）、乙醛和其他氧化剂。

3. 大气污染主要指什么？有哪些影响因素？

大气污染（也称为“空气污染”）是指大气中污染物浓度超过了环境质量标准要求，破坏生态系统，影响人类正常生活，对人和物造成危害的现象。大气污染主要过程由污染源排放、大气传播、人与物受到危害这三个环节所构成。

凡是能使空气质量变差的物质都是大气污染物，有自然因素和人为因素（如工业废气、生活燃煤、汽车尾气、核爆炸等）两种，其中以后者为主，特别是工业生产和交通运输过程所产生的污染物。污染物、污染源、气象条件和地表性质这四方面因素的综合影响，决定了大气污染的范围和强度。

4. 移动源污染的环境影响有哪些?

移动源排出大量的一氧化碳、碳氢化合物、氮氧化物、细颗粒物及硫化物等。这些一次污染物还会通过大气化学反应生成光化学烟雾、酸沉降等二次污染物。近 20 年的研究结果表明，移动源排放的污染物对环境影响不仅是局部的，许多影响还可以扩展到大气层中很远的距离及其他地区，并存在很长时间，因此，会形成局部的、区域的、洲际的乃至全球性的有害影响，危及城市大气环境、人类健康及全球生态系统。因此，控制移动源污染物排放，对保护我国环境甚至全球生态环境安全都非常必要。

局部的有害影响
（如一氧化碳等）

区域性有害影响
（如光化学烟雾、酸沉降）

洲际性有害影响
（如细颗粒物、硫氧化物、氮氧化物）

全球性有害影响
（如二氧化碳等）

5. 移动源和 $PM_{2.5}$ 有什么关系?

$PM_{2.5}$ 指颗粒直径小于 2.5 μm 的大气颗粒物，为悬浮在大气中的固体或液体颗粒状物质，按大气颗粒物的来源可以分为一次颗粒物和二次颗粒物。移动源排放的颗粒物和各类气态污染物与 $PM_{2.5}$ 污染息息相关，是我国当前环境污染形势呈结构型、复合型、压缩型特征的最具代表性的原因。

一次颗粒物

是指从排放源直接排放到大气环境中的液态或固态颗粒物，而且在排放之后颗粒物未发生变化，保持其排放时的原有物理和化学性状

机动车等移动源排放尾气中的颗粒物属于一次颗粒物

二次颗粒物

是指大气中某些气态污染物在大气中经过一系列化学转化或物理过程而生成的固态或液态颗粒物，是 $PM_{2.5}$ 的主要来源

移动源排放的气态污染物，如二氧化硫、氮氧化物、氨气及一些有机物气体在大气中会发生一系列化学反应，生成硫酸盐颗粒物、硝酸盐颗粒物、铵盐颗粒物及有机颗粒物等

6. 移动源的空气污染分担率指什么？

在一定区域的大气中，某一项污染物可能来自不同的污染源，例如，一氧化碳既可能由燃煤固定源产生，也可能来自汽车尾气排放。为了确定不同污染源对一种大气污染物的贡献，经常引入污染分担率的概念。移动源污染分担率就是移动源排放的某种污染物在某一城市或区域大气污染中的贡献大小。

空气污染分担率分为排放分担率和浓度分担率（或质量分担率，表征对空气质量的影响程度）两类，两者的含义和计算方法不同。由于不同污染源在大气中的扩散和转化等作用，同一地点的排放分担率与浓度分担率有相关性，但是不可混淆。

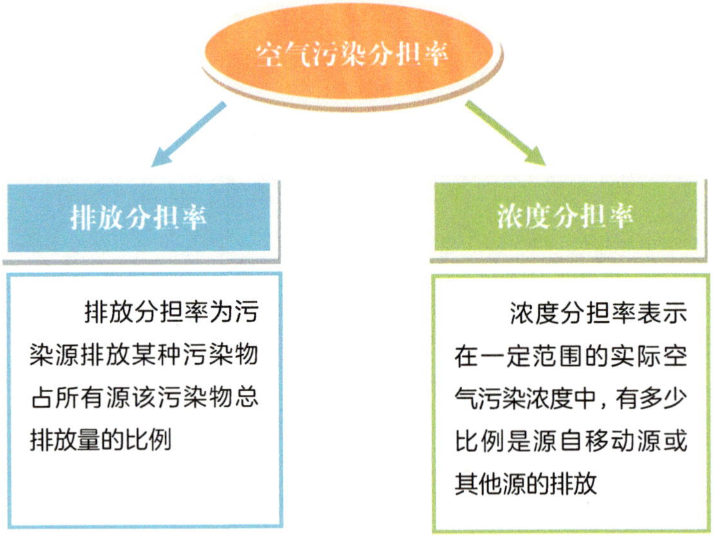

7. 浓度分担率是如何计算的?

浓度分担率用源解析的方法来进行研究。例如，目前的雾霾源解析工作主要用源扩散模型和受体模型两种方法来解析某地主要的污染物。

扩散模型

基于源排放清单已知的污染源，根据所积累的大量污染源数据，建立移动源排放与大气环境质量之间的定量关系。排放源清单法（emission inventory）是通过对行业活动水平的分析，对某地区的一种污染物的排放源进行估算，简单地说，就是排放因子和基于该排放因子下活动水平的乘积

受体模型

通过分析环境大气中采集的大气颗粒物样品，反推颗粒物的来源。其优势就在于受体模型属于诊断性模型，受体模型一般不受污染源的源强、气象条件、地形等数据的影响，不需要考虑颗粒物的转移过程。主要通过物理（如显微分析）、化学（如化学分析）的方法分析污染源和环境空气中的颗粒物样品，通过模型拟合不同污染源的贡献率

8. 移动源的 $PM_{2.5}$ 分担率有多少?

大城市空气中 $PM_{2.5}$ 的移动源分担率（浓度分担率）不容忽视。我国已经完成的第一批（2017 年）城市大气 $PM_{2.5}$ 源解析结果表明，已经有 10 个城市的移动源成为 $PM_{2.5}$ 污染的第一或第二来源。

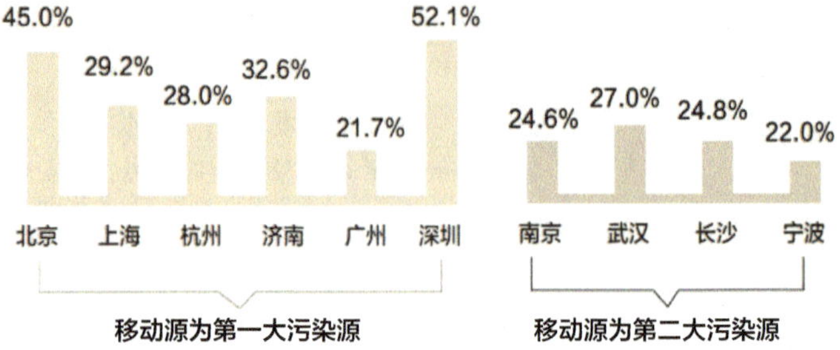

以北京市为例，2017 年 $PM_{2.5}$ 主要来源中本地排放约占 2/3，移动源占 45%。移动源中本地柴油车占 32%，进京及过境柴油车占 18%，非道路机械占 14%（见下图）。北京市 2021 年 9 月发布的第三轮 $PM_{2.5}$ 来源解析研究成果表明，北京市现阶段 $PM_{2.5}$ 主要来源本地排放占六成，区域传输占四成。本地排放中移动源占比最大，为 46%，比 2017 年增加了一个百分点。

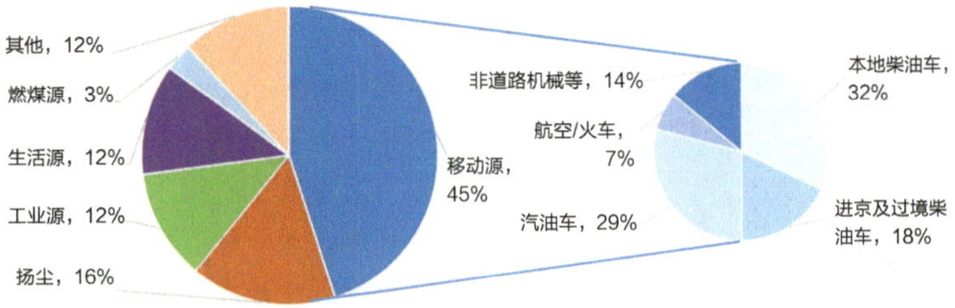

9. 移动源排放对交通环境空气质量的影响严重吗？

移动源排放对交通环境空气质量的影响非常严重。根据《2020年北京市生态环境状况公告》中交通污染监控点监测结果，交通环境 $PM_{2.5}$ 年平均质量浓度为 40 μg/m³，高于全市平均水平 5.3%。NO_2 年平均质量浓度为 43 μg/m³，高于全市平均水平 48.3%。环境监测数据充分说明了机动车对道路周边环境质量的恶劣影响。

此外，汽车尾气排放管位置接近地面，而一般路边的交通环境空气质量监测点采样口离地面的高度在 2～5 m，监测位置高于呼吸带。可见，我们在路边呼吸到的空气污染物浓度将更高，儿童受到的危害更为严重。

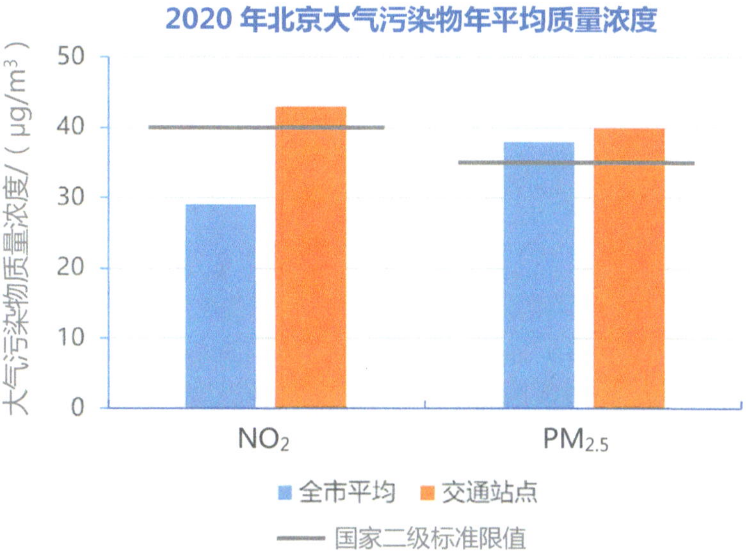

10. 移动源排放有什么健康危害?

移动源的一次污染物（CO、HC、NO_x、PM）和二次污染物（如光化学烟雾）均对人体有害。

碳氢化合物

汽车排放的HC中包含有200多种有机物成分。其中部分有机成分被证明是致癌物质，如苯等多环芳烃类物种。这些致癌物质在人体内具有长期积累效应，因此，是控制挥发性有机物排放的重点

氮氧化物

是移动源排放尾气中含量较多的NO和含量较少的NO_2的总称。医学研究表明，高浓度的NO会引起人体中枢神经的瘫痪和痉挛。NO_2则毒性很强，当浓度达到5%时，就会闻到很强烈的臭味，危害人体呼吸系统和免疫功能

颗粒物

直径小于2.5 μm的颗粒可以进入细支气管（呼吸支气管）和肺泡区，是导致心血管和呼吸疾病的主要原因，对人体健康产生严重危害

一氧化碳

大气中CO浓度达到1%时，人长期接触就会慢性中毒；当浓度达到10%时，人只能活2 min即死亡。尽管汽车等排放的CO浓度较低，但在较封闭的空间中，如车库等，还是容易发生中毒，需十分注意

二次污染物

移动源排放的碳氢化合物与氮氧化物在强烈的日光作用下会进一步发生光化学反应，形成毒性很大的光化学烟雾。光化学污染是汽车排放废气造成的极为严重的大气污染现象，对人体健康和生态环境带来严重的危害

第四章
移动源排放对温室效应的影响

1. 什么是温室气体？

温室气体（greenhouse gas，GHG）是指大气层中自然存在的和由于人类活动产生的气态成分，且其能够吸收和散发由地球表面、大气层和云层所产生的、波长在红外光谱内的辐射。温室气体中既包括大气层中原来就有的水蒸气、二氧化碳、氮的各种氧化物，也包括近几十年来人类活动排放的氢氟碳化物（HFCs）、全氟碳化物（PFCs）、六氟化硫（SF_6）等。不同种类的温室气体温室效应强度不同，政府间气候变化专门委员会（IPCC）第六次评估报告数据显示，甲烷的温室效应强度是二氧化碳的 29.8 倍，氧化亚氮是二氧化碳的 273 倍。

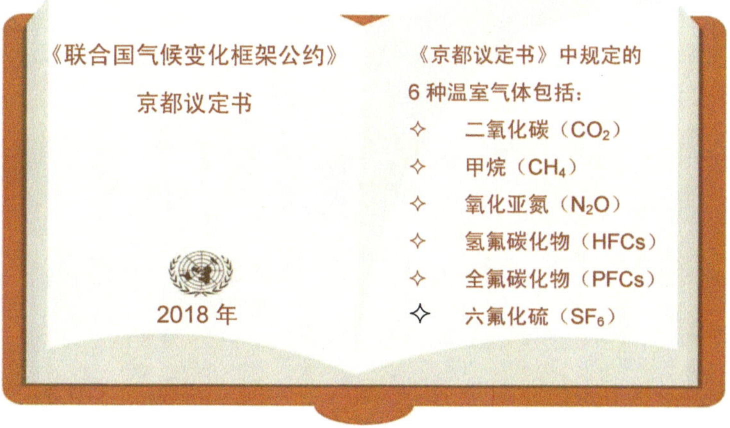

2. 温室气体都有哪些危害?

温室气体在大气中截留太阳辐射，并加热空气，类似于温室的作用，称为“温室效应”。要注意的是，温室效应不是“坏”的，温室效应异常增强才是。一旦没有温室效应，日落后地表温度可能降到零下几十度，生命将无法存活。然而由于人工排放的温室气体增多，导致温室效应异常增强，地表温度异常增加，则对地球的生态环境和气候产生不良影响。

近几十年来，由于人口急剧增加、工业迅猛发展、植被大量减少，温室气体增加幅度远超过去的水平，导致气候异常、海平面升高、冰川退缩、中高纬生长季节延长、动植物分布范围变化、某些动植物数量减少、一些植物开花期提前等。如果地球表面温度按现在的速度继续升高，到 2050 年全球温度将上升 2～4℃，南北极地冰山大幅度融化将导致海平面上升，一些岛屿国家和沿海城市将淹于水中。

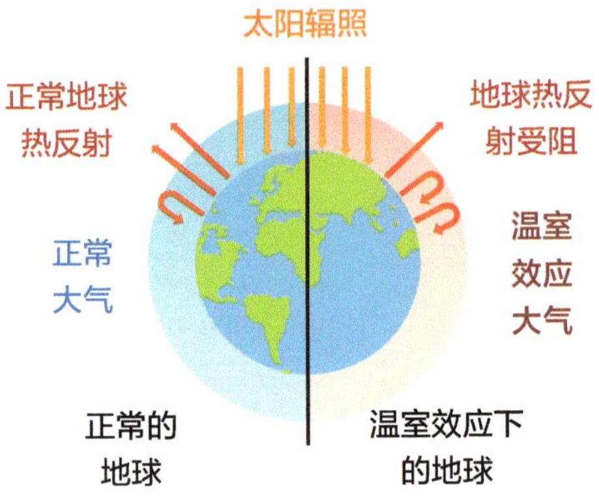

3. 移动源都有哪些温室气体排放?

移动源温室气体排放来源主要有尾气排放和挥发排放两方面。移动源排放的温室气体种类主要有二氧化碳、甲烷、氧化亚氮、氢氟碳化物等。此外,汽车排放的黑炭颗粒悬浮在大气中时,具有很强的温室效应,是一种“短寿命气候污染物(SLCPs)”。

移动源温室气体尾气排放主要是由燃料燃烧过程产生,包括二氧化碳、甲烷、氧化亚氮等。其中,甲烷的产生主要来自以天然气为燃料的汽车和船舶等。

移动源温室气体挥发排放主要来自汽车空调制冷剂和绝缘泡沫等挥发排放的氢氟碳化物。现在汽车等移动源安装的空调所使用的制冷剂主要是 R-134a,一种氟利昂(Freon)。目前,尚无移动源禁止使用氟利昂的时间表。

4. 交通运输行业温室气体排放量有多大?

交通运输行业消耗了全球超过1/2的石油产量,排放了全球1/4的二氧化碳,对气候变化有着显著的影响。2014年,国家温室气体清单数据显示我国交通运输温室气体排放量约为8.2亿t二氧化碳当量,约占全国温室气体排放总量的6.7%。从气体类型来看,二氧化碳排放占99.0%,甲烷排放占0.2%,氧化亚氮排放占0.8%。细分至道路运输、铁路运输、航空运输、水路运输和其他运输等不同交通类型来看,道路交通排放占比为 84.1%,是交通运输中最主要的排放源。

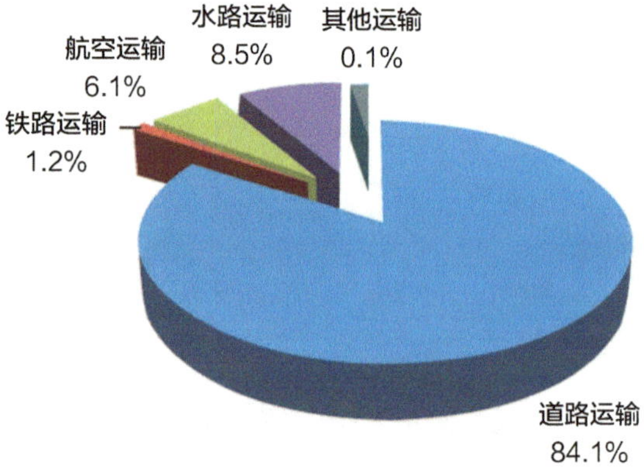

交通运输行业温室气体排放占比

5. 如何减少移动源温室气体排放？

为有效降低城市交通能源消耗及温室气体排放，促进城市交通绿色低碳可持续发展，主要采取三大举措：

- 推动交通车辆低碳化发展，加强交通车辆燃料消耗管理，提高传统汽车节能减排性能，加快新能源汽车推广应用；
- 加快推广应用低碳燃料，优化能源结构，增加可再生能源比例；
- 加强交通车辆管理，降低交通车辆使用强度，提高车辆运行效率，大力发展公共交通及慢行交通系统。

第五章
移动源噪声排放环境影响

1. 移动源噪声危害有多大?

汽车、摩托车、城市轨道交通、内河航运等移动源产生的交通运输噪声是我国环境噪声的主要来源之一，在环境噪声中的占比约为 1/4，且有逐年上升的趋势。在路网及人口密集的城市中心区域，这一比例甚至可高达 75%左右。

噪声对人类的生理、心理及社会生活均造成不良影响和困扰。它影响人们的生活质量（休息、睡眠、社交活动等），降低人们的工作效率甚至引起疲劳和安全事故，还可诱发神经、心脏和消化系统的一系列不良反应。2019 年，全国环保举报平台统计显示，涉及环境噪声的举报占比为 38.1%，较 2018 年增高 2.8%，仅次于大气污染，排第 2 位。

2. 移动源的噪声源主要从哪里来?

移动源噪声生成机理复杂，受动力系统、路面激励、车身匹配、风激励等因素的影响，通常包括：发动机噪声、车身振动噪声、冷却系统噪声、传动系统噪声、空气动力噪声、轮胎噪声和进排气系统噪声等。

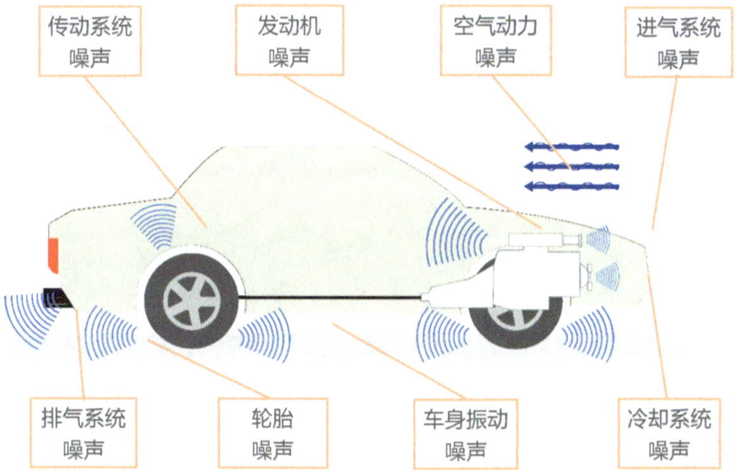

汽车主要噪声源示意图

不同移动源由于结构及功能的差异，相应噪声源及贡献存在差异，重型汽车主要是发动机及动力总成带来的动力系统噪声；轻型汽车的轮胎噪声及相应行驶系统噪声所占权重则较大；摩托车以动力系统噪声和排气系统噪声为主；农用运输车由于车速低、工作载荷较大，动力系统噪声和传动系统噪声为最主要的噪声源。

3. 不同移动源的噪声差异有多大?

不同种类移动源由于车辆造型、发动机功率和噪声控制技术等的差异，噪声排放的差异比较大。以重型货车、轿车、摩托车和轻便摩托车在代表性行驶状况下的噪声排放情况为例，也就是让车辆在稳定达到 30～50 km/h 车速范围后进行加速，在加速时测量试验道路旁边的噪声，得到的结果显示，我国重型货车车外噪声的声压级平均值约为 83 dB（A），轿车约为 71 dB（A），两轮摩托车约为 73 dB（A），两轮轻便摩托车约为 64 dB（A）。由于声压级是声音的实际声压与基准声压之比的对数乘以 20，3 dB（A）的声压级差值往往意味着两个发声体的噪声能量相差一倍。

举一个形象的比喻，一辆重型货车的噪声能量相当于 16 辆轿车或 80 辆轻便摩托车。这也是在噪声标准领域，重型汽车需要重点关注的原因。

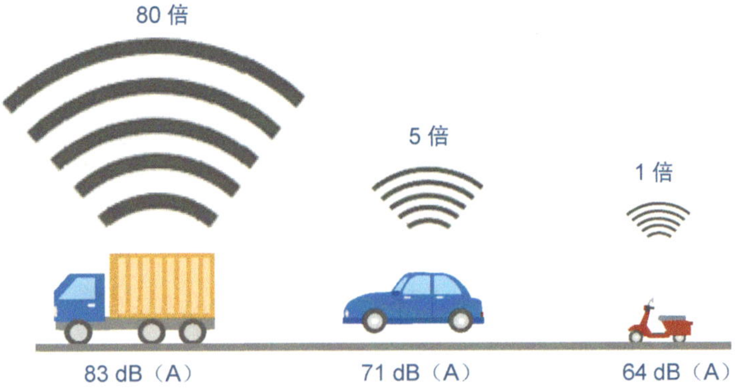

4. 移动源电动化带来哪些噪声新问题?

随着新能源技术的发展，移动源电动化的发展趋势已经形成，动力系统随之向高性能、低噪声方向发展，由此也带来新的噪声问题。

电动汽车、电动摩托车等电动化移动源以低速、小负荷行驶时，动力系统噪声比传统移动源小，使得其他道路使用者，特别是盲人、老人、儿童等，因为噪声过低而不易察觉到移动源的接近，同样带来一定的困扰和安全问题，对应的移动源应适当增加提示音装置，以保证道路使用者安全。

与传统的移动源相比，由于发动机“掩蔽效应”的消失，电驱动系统噪声、车身振动噪声、冷却系统噪声、传动系统噪声、空气动力噪声、轮胎噪声等噪声问题逐渐凸显，尤其在高负荷条件下，以上噪声问题仍不容忽视。

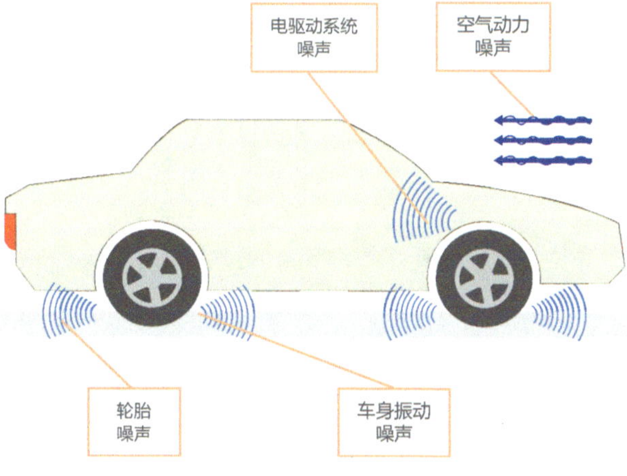

纯电动汽车主要噪声源示意图

第二篇　移动源环境保护法规政策篇

近 20 年来，我国移动源法规、政策和标准不断完善。我国自 2000 年开展机动车型式认证工作，开始实施国一阶段汽车排放标准。到目前已经建立了完善的覆盖机动车船全生命周期的达标管理制度，包括新车定型阶段的信息公开、生产阶段的生产一致性检查、使用阶段的在用符合性检查、在用车定期检验、在用车路检路查和入户检查等。国家实施了移动源污染综合治理措施，从交通运输结构调整、淘汰老旧车辆、鼓励清洁车辆使用、划定高排放移动机械和船舶排放控制区等多个方面入手，去存量、控增量，大幅度削减移动源污染物排放总量。据测算，2017 年尽管机动车保有量比 2000 年增加了 4.55 倍，NO_x 排放量仅增加了 0.49 倍，与不实施任何排放标准的情景相比，排放量减少了 1 485 万 t。

本篇为“移动源环境保护法规政策篇”，分为四章，首先整体介绍了移动源法规政策体系，然后分别介绍了“大气法”的主要内容、移动源环保综合治理政策，以及移动源环保达标管理制度。本篇第一、二章由王明达编写，第三章由刘嘉编写，第四章由郝春晓编写。

第一章 移动源法规政策体系概述

1. 我国移动源环境保护法规政策体系包括哪些内容?

我国移动源环境保护法规政策体系主要包括法律、政策、标准三个层级。

尽管目前国家尚未发布移动源污染防治条例，北京市等多个省、市级人民政府发布了移动源相关的污染防治条例。国家发布的移动源污染防治技术政策起到技术引领和指导作用。

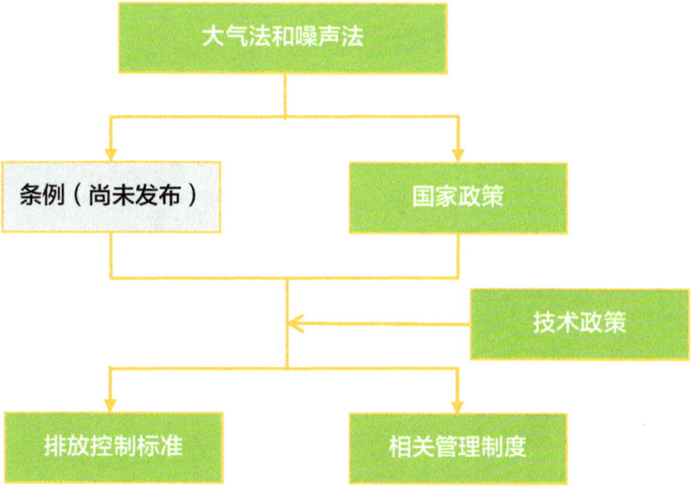

- 第一个层级为以《中华人民共和国大气污染防治法》（简称大气法）和《中华人民共和国环境噪声污染防治法》（简称噪声法）为主的国家法律，是制定和执行环保政策、标准的基本依据；
- 第二个层级是以打赢蓝天保卫战、打好柴油货车污染治理攻坚战等为主的国家政策，对移动源污染防治提出宏观目标和综合治理要求，是对法律执行层面的必要补充；
- 第三个层级包括排放控制相关标准、达标管理制度和排放控制相关管理文件，以新生产、在用的机动车船排放标准、噪声标准等为主的排放标准体系是法规实施的重要依据。

2. 我国移动源法规政策体系发展历程是怎样的?

我国自1983年发布第一项汽车排放标准以来，在30多年的实践中，移动源环保法规标准和污染防治工作同步发展，在移动源污染防治中发挥了巨大的作用。截至2020年6月，我国机动车保有量达到3.6亿辆，约为1980年机动车保有量的100倍；2019年颗粒物排放量略低于1980年，氮氧化物排放量仅为1980年的12.4倍。

我国移动源法规标准体系在达标监管制度建设、综合管控措施实施、排放标准控制要求等方面不断完善，可以归纳为三个发展阶段。

第一阶段 （1983—1998年） 法规标准起步阶段	➢ 大气法于1987年首次发布 ➢ 汽车排放标准采用怠速法和强制装置法控制排放污染，实施主体主要是国家汽车行业主管部门和地方政府
第二阶段 （1999—2015年） 法规标准快速发展阶段	➢ 大气法于2000年进行了修订 ➢ 以国一标准实施为标志性起点，汽车排放标准跨越到国四水平，标准体系逐步完善，制定和实施了摩托车、三轮汽车和非道路移动机械等排放标准 ➢ 形成环保型式核准和生产一致性检查制度 ➢ 以总量控制工作为抓手开展机动车综合管控，促进各地政府和环保部门完善新车注册环节环保检验，在用车实施标志管理，划定高排放车控制区，鼓励高污染老旧车提前淘汰，加快燃油清洁化进程
第三阶段 （2016年起） 法规标准创新发展阶段	➢ 2015年修订的大气法于2016年实施，创新建立新车信息公开制度 ➢ “柴油货车污染防治攻坚战”建立和实施了具有中国特色的移动源综合管控措施 ➢ 排放标准制修订工作更加关注实际排放，汽车国六标准的测试要求适合我国国情，控制水平严于欧Ⅵ标准 ➢ 逐步强化对非道路移动机械和船舶的环保监管 ➢ 初步完成“天-地-车-人”一体化的全方位达标监管体系的建立

第二章

《中华人民共和国大气污染防治法》的要求

1.《中华人民共和国大气污染防治法》中移动源相关的条款有哪些?

《中华人民共和国大气污染防治法》（简称大气法）共有 8 章，分别为第一章“总则”、第二章“大气污染防治标准和限期达标规划”、第三章“大气污染防治的监督管理”、第四章“大气污染防治措施”、第五章“重点区域大气污染联合防治”、第六章“重污染天气应对”、第七章“法律责任”和第八章“附则”。除第一章和第八章外，其他章均有涉及移动源相关内容。

大气法中直接涉及移动源环保监督管理要求的条款共计 30 条，其中有 10 条罚则。这些条款中涉及的监管对象主要包括机动车、非道路移动机械、船舶等移动源，还包括移动源使用的燃油、发动机油、氮氧化物还原剂、燃料和润滑油添加剂、其他添加剂等。规定了加油加气站、储油库等安装油气回收装置等要求。大气法分别针对不同监管对象的责任主体提出限制性及鼓励性要求。大气法明确了实施监管的责任主体，并提出监督管理及处罚要求。

此外，大气法中关于排放标准制定和评估、重点大气污染物排放总量控制、大气污染损害评估、高污染燃料禁燃区、替代消耗臭氧层物质、运输物料防治扬尘污染、区域联防联控和重污染天气应对等内容，均涉及移动源污染防治工作。

2. 被监管的责任主体有谁？有哪些责任？

责任主体包括机动车船、非道路移动机械的生产企业、进口企业、维修单位、车船（机）所有人和使用人以及燃料生产、进口、销售企业。各责任主体的主要责任如下。

机动车及非道路移动机械生产、进口企业	➢ 对新生产的机动车和非道路移动机械进行排放检验。经检验合格的，方可出厂销售
	➢ 向社会公布其生产、进口机动车车型的排放检验信息、污染控制技术信息和有关维修技术信息
	➢ 获知机动车、非道路移动机械排放大气污染物超过标准，属于设计、生产缺陷或者不符合规定的环境保护耐久性要求的，应当召回
维修单位	➢ 按照防治大气污染的要求和国家有关技术规范对在用机动车进行维修
	➢ 禁止提供“作假”服务
所有人和使用者	➢ 禁止以临时更换机动车污染控制装置等弄虚作假的方式通过机动车排放检验
	➢ 禁止破坏机动车车载排放诊断系统
	➢ 禁止驾驶排放检验不合格的机动车上道路行驶
	➢ 禁止使用不符合标准或者要求的船舶用燃油
燃料生产、进口、销售企业	➢ 禁止生产、进口、销售不符合标准的机动车船、非道路移动机械用燃料
	➢ 禁止向汽车和摩托车销售普通柴油以及其他非机动车用燃料
	➢ 禁止向非道路移动机械、内河和江海直达船舶销售渣油和重油

3. 执行监管的管理部门有哪些?

由于移动源数量多、流动性大、社会性强，污染排放监管难度大，所以需要多部门联合监管，主要由生态环境部门、工信部门、市场监管部门、交通运输部门、住建部门、公安部门和海事部门等负责相关工作。部分管理职责的部门分工如下。

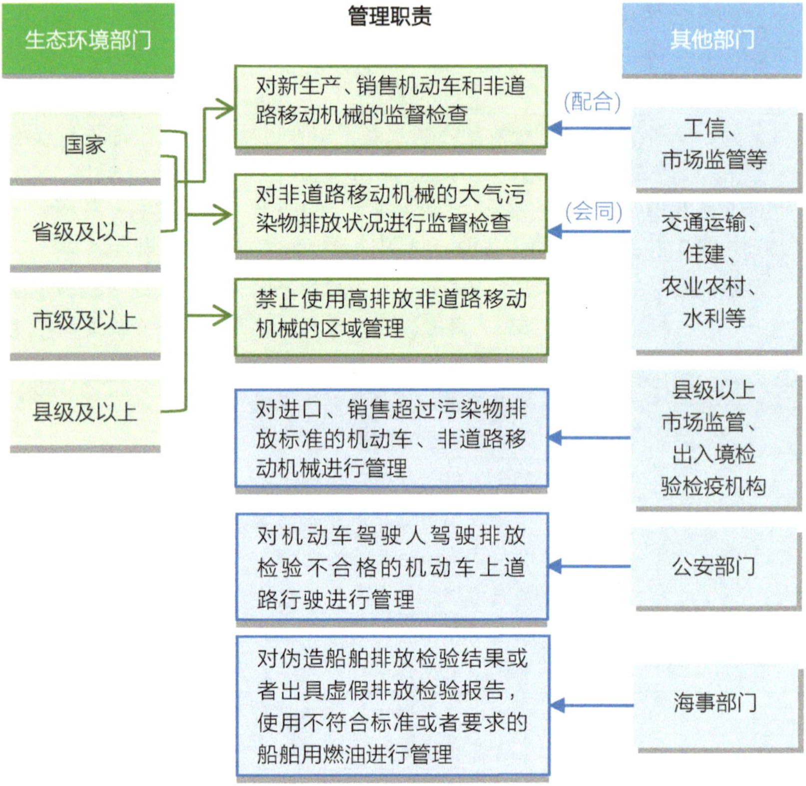

4. 国务院相关部门监管职责有哪些?

国务院市场监督管理部门负责会同国务院生态环境主管部门开展机动车环保召回工作。生产、进口排放大气污染物超过标准的机动车、非道路移动机械，属于设计、生产缺陷或者不符合规定的环境保护耐久性要求的，由国务院市场监督管理部门会同国务院生态环境主管部门责令其召回。

5. 省级以上人民政府相关部门监管职责有哪些?

省级以上地方人民政府相关主管部门的职责主要是对新生产车、生产及进口企业的监管和处罚。

省级以上人民政府多部门共同负责	➢ 对新生产、销售机动车和非道路移动机械大气污染物排放状况的监督检查由省级以上人民政府生态环境主管部门负责，工信、市场监督管理等有关部门予以配合
省级以上人民政府生态环境主管部门负责	➢ 对生产超过污染物排放标准的机动车、非道路移动机械的违法行为进行处罚
	➢ 对机动车、非道路移动机械生产企业对发动机、污染控制装置弄虚作假、以次充好，冒充排放检验合格产品出厂销售的违法行为进行处罚
	➢ 对机动车生产、进口企业未按照规定向社会公布其生产、进口机动车车型的排放检验信息或者污染控制技术信息的违法行为进行处罚
省级以上人民政府交通运输主管部门负责	➢ 对未按照规定向社会公布其生产、进口机动车车型的有关维修技术信息的机动车生产、进口企业进行处罚

6. 县级以上人民政府相关部门监管职责有哪些?

由县级以上地方人民政府生态环境主管部门负责	对在用机动车的大气污染物排放状况进行监督抽测
	对以下行为进行处罚: ✧ 储油储气库、加油站和油罐车等，未按照规定安装和使用油气回收装置 ✧ 伪造机动车、非道路移动机械排放检验结果或出具虚假排放检验报告 ✧ 以临时更换机动车污染控制装置等弄虚作假的方式通过机动车排放检验或者破坏机动车车载排放诊断系统 ✧ 使用排放不合格的非道路移动机械，或者在用重型柴油车、非道路移动机械未按照规定加装、更换污染控制装置 ✧ 在禁止使用高排放非道路移动机械的区域使用高排放非道路移动机械
由县级以上地方人民政府多部门共同负责	生态环境主管部门对在道路上行驶的机动车的大气污染物排放状况进行监督抽测，公安机关交通管理部门予以配合
	县级以上地方人民政府生态环境主管部门会同交通运输、住建、农业农村、水利等有关部门负责监督检查非道路移动机械污染物排放状况
	机动车排放检验机构的排放检验情况由生态环境主管部门和认证认可监督管理部门负责监管
	机动车维修单位对在用机动车排放超标故障进行维修的行为由交通运输、生态环境主管部门负责监管
由县级以上地方人民政府其他部门负责	对以下行为进行处罚: ✧ 生产、销售不符合标准的机动车船和非道路移动机械用燃料、发动机油、氮氧化物还原剂、燃料和润滑油添加剂以及其他添加剂的，由市场监督管理部门负责 ✧ 进口、销售超过污染物排放标准的机动车、非道路移动机械的，由县级以上人民政府市场监督管理部门、海关负责；构成走私的，由海关负责 ✧ 伪造船舶排放检验结果或者出具虚假排放检验报告的，由海事管理机构负责 ✧ 机动车驾驶人驾驶排放检验不合格的机动车上道路行驶的，由公安机关交通管理部门负责 ✧ 伪造机动车、非道路移动机械排放检验结果或者出具虚假排放检验报告且情节严重的，由负责资质认定的部门取消其检验资格

7. 新生产、销售车、船、非道路移动机械相关的哪些违法行为将被处罚？

大气法中涉及新生产机动车船等的罚则有 3 条。

第一百零九条	生产超过污染物排放标准的机动车、非道路移动机械的，由省级以上人民政府生态环境主管部门责令改正，没收违法所得，并处货值金额一倍以上三倍以下的罚款，没收销毁无法达到污染物排放标准的机动车、非道路移动机械；拒不改正的，责令停产整治，并由国务院机动车生产主管部门责令停止生产该车型。 机动车、非道路移动机械生产企业对发动机、污染控制装置弄虚作假、以次充好，冒充排放检验合格产品出厂销售的，由省级以上人民政府生态环境主管部门责令停产整治，没收违法所得，并处货值金额一倍以上三倍以下的罚款，没收销毁无法达到污染物排放标准的机动车、非道路移动机械，并由国务院机动车生产主管部门责令停止生产该车型
第一百一十条	进口、销售超过污染物排放标准的机动车、非道路移动机械的，由县级以上人民政府市场监督管理部门、海关按照职责没收违法所得，并处货值金额一倍以上三倍以下的罚款，没收销毁无法达到污染物排放标准的机动车、非道路移动机械；进口行为构成走私的，由海关依法予以处罚。 销售的机动车、非道路移动机械不符合污染物排放标准的，销售者应当负责修理、更换、退货；给购买者造成损失的，销售者应当赔偿损失
第一百一十一条	机动车生产、进口企业未按照规定向社会公布其生产、进口机动车车型的排放检验信息或者污染控制技术信息的，由省级以上人民政府生态环境主管部门责令改正，处五万元以上五十万元以下的罚款。 机动车生产、进口企业未按照规定向社会公布其生产、进口机动车车型的有关维修技术信息的，由省级以上人民政府交通运输主管部门责令改正，处五万元以上五十万元以下的罚款

8. 在用机动车、非道路移动机械相关的哪些违法行为将被处罚?

大气法中涉及在用机动车、非道路移动机械的罚则有 2 条。

第一百一十三条	机动车驾驶人驾驶排放检验不合格的机动车上道路行驶的，由公安机关交通管理部门依法予以处罚
第一百一十四条	使用排放不合格的非道路移动机械，或者在用重型柴油车、非道路移动机械未按照规定加装、更换污染控制装置的，由县级以上人民政府生态环境等主管部门按照职责责令改正，处五千元的罚款。 在禁止使用高排放非道路移动机械的区域使用高排放非道路移动机械的，由城市人民政府生态环境等主管部门依法予以处罚

9. 对检验、维修相关的造假行为有什么规定?

大气法禁止相关机构和人员在检验和维修过程中弄虚作假，第一百一十二条提出了对此类行为的处罚要求。

检验行为造假	伪造机动车、非道路移动机械排放检验结果或者出具虚假排放检验报告的，由县级以上人民政府生态环境主管部门没收违法所得，并处十万元以上五十万元以下的罚款；情节严重的，由负责资质认定的部门取消其检验资格 伪造船舶排放检验结果或者出具虚假排放检验报告的，由海事管理机构依法予以处罚
维修行为造假	以临时更换机动车污染控制装置等弄虚作假的方式通过机动车排放检验或者破坏机动车车载排放诊断系统的，由县级以上人民政府生态环境主管部门责令改正，对机动车所有人处五千元的罚款；对机动车维修单位处每辆机动车五千元的罚款

10. 油气回收相关的哪些违法行为将被处罚?

大气法第一百零八条规定，储油储气库、加油加气站和油罐车、气罐车等，未按照国家有关规定安装并正常使用油气回收装置的，由县级以上人民政府生态环境主管部门责令改正，处二万元以上二十万元以下的罚款；拒不改正的，责令停产整治。

11. 油品和其他相关的哪些违法行为将被处罚?

大气法涉及油品和其他相关违法行为的罚则有两条。

第一百零三条	生产、销售不符合标准的机动车船和非道路移动机械用燃料、发动机油、氮氧化物还原剂、燃料和润滑油添加剂以及其他添加剂的，由县级以上地方人民政府市场监督管理部门责令改正，没收原材料、产品和违法所得，并处货值金额一倍以上三倍以下的罚款
第一百零四条	进口不符合标准的机动车船和非道路移动机械用燃料、发动机油、氮氧化物还原剂、燃料和润滑油添加剂以及其他添加剂的，由海关责令改正，没收原材料、产品和违法所得，并处货值金额一倍以上三倍以下的罚款；构成走私的，由海关依法予以处罚

第三章 移动源环保综合治理政策

1. 移动源环保综合治理指什么?

我国自2000年实施汽车国家第一阶段标准以来，不断加严排放限值和管理要求，单车排放水平总体下降95%以上。“十二五”期间，我国开展污染物总量减排工作，实施更严格的新车排放标准和淘汰黄标车等措施。生态环境部对机动车船的污染防治工作制定了“油-路-车”综合治理措施，以结构性调整为核心，以监督检查为保障，以经济手段为激励，实现精细管理、精准降污。《柴油货车污染治理攻坚战行动计划》《秋冬季大气污染综合治理攻坚行动方案》等文件进一步明确了四方面主要内容：

- ✓ **控制对象：**以柴油车、非道路移动机械、船舶和燃油等为主要治理目标；
- ✓ **治理方法：**以交通结构调整、能源结构优化和车队结构升级为主要污染物减排手段，以达标管理为基本保障，以重污染应急为必要措施；
- ✓ **落实手段：**以日常监督检查、遥感监测和柴油货车远程监控等手段开展达标管理，通过视频监控、信息报送等方法确保重污染天气应急措施有效落实，制定实施经济鼓励等激励政策促进燃油清洁化和车队结构升级等工作；
- ✓ **能力支撑：**各地还需构建“天-地-车-人”一体化监管平台，保障各项工作高效开展。

控制对象
治理方法
落实手段
能力支撑
柴油货车等
非道路移动机械等
油品等
交通结构
能源结构
车队结构
达标管理
应急要求
监督检查
遥感监测
车载远程
视频监控
信息报送
激励措施
“天-地-车-人”一体化监管信息平台

2. 交通结构调整指什么?

与先进国家相比，我国交通运输行业中汽车公路运输量占比过高，整体运输效率低下，不仅能耗高、运输成本昂贵，还造成了严重的污染物排放问题。解决客、货运输产生的污染问题的重要手段就是进行交通运输结构调整，即优化配置交通资源，合理分配并无缝衔接公路、铁路和水路等不同的运输方式。按照《推进运输结构调整三年行动计划（2018—2020 年）》等文件要求，交通结构调整主要包括以下三方面工作：

①调整货物运输结构	➤ 重点开展“公转铁”工作，加快运输量较大行业企业的铁路专用线建设 ➤ 提升铁路货运量，要求具有铁路专用线的大型工矿企业和新建物流园区提高大宗货物铁路运输比例，提高煤炭清洁方式运输比例 ➤ 要求到2020年，全国铁路货运量比2017年增长30%，京津冀及周边地区增长40%，长三角地区增长10%，汾渭平原增长25%
②大力发展多式联运	➤ 依托铁路物流基地、公路港、沿海和内河港口等，推进多式联运型和干支衔接型货运枢纽（物流园区）建设 ➤ 加快推广集装箱多式联运，鼓励发展江海联运、江海直达、滚装运输、甩挂运输等运输组织方式
③发展绿色交通体系	➤ 发展“智能物流”，降低货物运输空载率 ➤ 建设城市绿色物流体系，支持利用城市现有铁路货场、物流货场转型升级为城市配送中心 ➤ 大力发展城市“绿色交通体系”，做好综合交通枢纽规划设计，推进城市公交、自行车加步行的城市交通模式，提高道路网络建设的合理性等 ➤ 加强公众宣传教育，鼓励居民“绿色出行”

3. 能源结构优化是什么意思？

在移动源污染综合治理工作中，调整能源结构指从油品质量提升和利用清洁能源两方面实现优化，目前主要包括三方面工作：

①加快油品升级步伐	➢ 全国全面供应符合国六标准的车用汽柴油 　➢ 车用柴油、普通柴油、部分船舶用油“三油并轨” 　➢ 重点区域、珠三角地区、成渝地区等提前实施 　➢ 提升润滑油质量 　➢ 确保燃油、车用尿素、润滑油质量达标
②促进机动车船使用清洁能源	➢ 提高新能源汽车产销量和重点区域使用比例 　➢ 港口、机场、铁路货场等新增或更换作业车辆 　➢ 城市公交车 　➢ 港口、机场新增和更换作业机械 　➢ 沿海港口新增、更换拖船
③推广港口和机场使用岸电	➢ 沿海主要港口专业化泊位（危险货物泊位除外） 　➢ 新建码头同步规划、设计、建设岸电设施 　➢ 地面电源替代飞机辅助动力装置 　➢ 民航机场在飞机停靠期间主要使用岸电

小知识

油品　包括机动车船使用的燃料、车用尿素（氮氧化物还原剂）、润滑油等，油品质量升级是机动车船污染物控制技术升级和确保减排效果的必要条件。

清洁能源　是指对环境友好，即污染物排放少、环境危害程度低的能源。我国国民经济和社会发展统计公报把水电、风电、核电、天然气等列入清洁能源，太阳能在公报的解读中单独列出。

机动车船利用清洁能源　一般指利用电能、可再生燃料，有时也包括天然气等。

4. 车队结构升级该怎么做？

车队结构升级指采取“去存量，控增量”的方式，减少高排放的老旧机动车、提高低排放机动车船的比例，从而优化车队结构。主要从三方面入手：

（1）大力淘汰老旧机动车船

- ✧ 大力推进国三及以下排放标准营运柴油货车提前淘汰更新，加快淘汰采用稀薄燃烧技术和“油改气”的老旧燃气车辆。
- ✧ 推进老旧柴油车深度治理，具备条件的安装污染控制装置、配备实时排放监控终端，并与生态环境等有关部门联网，协同控制颗粒物和氮氧化物排放。
- ✧ 有条件的城市定期更换出租车三元催化装置。
- ✧ 划定非道路移动机械低排放控制区，推进排放不达标工程机械、港作机械清洁化改造和淘汰。
- ✧ 重点区域内河应采取禁限行等措施，限制高排放船舶使用，鼓励淘汰使用 20 年以上的内河航运船舶。

（2）科学实施更严格的新生产机动车船标准

- ✧ 有需要且有条件的地区可以提前实施国家下阶段机动车、非道路移动机械和船舶等排放标准。
- ✧ 拟提前实施国家下阶段排放标准的地区应提前对实施方案进行充分、科学的论证，并广泛征求意见。
- ✧ 尽快推广使用达到国六排放标准的燃气车辆。

（3）积极推广清洁能源机动车船

- ✧ 城市公交车和市政车辆应使用清洁能源车辆。
- ✧ 港口、机场、铁路货场等新增或更换作业车辆、机械、拖船等应优先采用清洁能源机动车船。
- ✧ 采用经济及其他优惠政策鼓励个人购买清洁能源车辆等。

5. 什么是检验与维护（I/M）制度

汽车排放检验与维护制度简称为 I/M 制度。“I”是英文“inspection”的缩写，指车辆排放达标检验；“M”是英文“maintenance”的缩写，指车辆的维修维护。简单说，I/M 制度就是通过部门分工、信息共享，实现汽车排放检验、维护和违法处罚联动的管理制度。

《打赢蓝天保卫战三年行动计划》《柴油货车污染治理攻坚战行动计划》明确要求全面建立实施汽车排放检验与维护制度。依法对在用汽车排放进行定期检验、监督抽测和维护修理，事关打赢蓝天保卫战全局，事关大气环境污染治理体系和治理能力现代化建设。《关于建立实施汽车排放检验与维护制度的通知》（环大气〔2020〕31 号）提出，汽车排放检验与维护制度是指依法对在用汽车排放进行定期检验、监督抽测和维护修理，使汽车排放符合相关标准要求的管理制度。

6. I/M 制度的责任主体是谁？

按照《关于建立实施汽车排放检验与维护制度的通知》（环大气〔2020〕31 号）的要求，地方各级生态环境部门、市场监管部门、交通运输部门是 I/M 制度实施监管的责任主体，汽车排放检验机构和汽车排放性能维护（维修）站是 I/M 制度运行的责任主体。

各级生态环境、市场监管部门

- ✧ 督促指导汽车排放检验机构依法落实汽车排放检验主体责任
- ✧ 对于异地登记车辆排放检验比较集中、排放检验合格率异常的排放检验机构加强监管
- ✧ 严厉打击排放检验机构违法行为，将相关违法违规行为通报市场监管部门，由市场监管部门依法处罚，并记入信用记录

↓

汽车排放检验机构

- ✧ 应当依法通过资质认定（计量认证）
- ✧ 严格执行排放标准
- ✧ 使用经依法检定合格或校准的排放检验设备，按照相关规范进行排放检验
- ✧ 与生态环境部门联网，实现检验数据实时共享

各级交通运输部门

- ✧ 对于不具备维护修理能力、违规搭售排放维护修理项目或配件装置、有意夸大配件装置性能或维修效果、群众举报投诉多的维修站，加强监管和处罚
- ✧ 对使用假冒伪劣配件维护修理、破坏汽车车载排放诊断系统、采用临时更换汽车污染控制装置等弄虚作假方式通过排放检验等行为，依法处罚

↓

汽车排放性能维护（维修）站

- ✧ 按照相关规范对超标排放车辆进行科学诊断和合理维护修理
- ✧ 完成排放超标维护修理后，要按照规定通过汽车维修电子健康档案系统将汽车排放维护修理信息及时上传到当地交通运输部门，并注明是超标排放维护车辆

小知识

取得汽车维修经营备案的一、二类汽车维修企业和从事发动机维修的三类汽车维修企业，可作为汽车排放性能维护（维修）站。

7. I/M 制度如何实施?

实施 I/M 制度主要有三个步骤：检测、维修、复检。

- 汽车排放检验机构（I 站）对超标排放汽车通过书面告知、手机短信等方式，通知汽车所有人或使用人到汽车排放性能维护（维修）站（M 站）维护修理。监督抽查时发现的超标车辆，由生态环境部门通知汽车所有人或使用人到 M 站维修。
- M 站完成排放超标维护修理后，要按照规定向托修方交付维修结算清单，并通过汽车维修电子健康档案系统将汽车排放维护修理信息及时上传到当地交通运输部门，并注明是超标排放维护车辆。超标排放汽车经诊断后确实无法修复的，或维护修理后仍然无法达到规定排放标准的，应如实告知托修方，由托修方决定是否继续维护修理。
- 超标排放汽车经 M 站维修后，到 I 站进行排放复检，I 站应将其维修修理记录作为复检凭证。汽车经复检合格后，方可上路行驶。

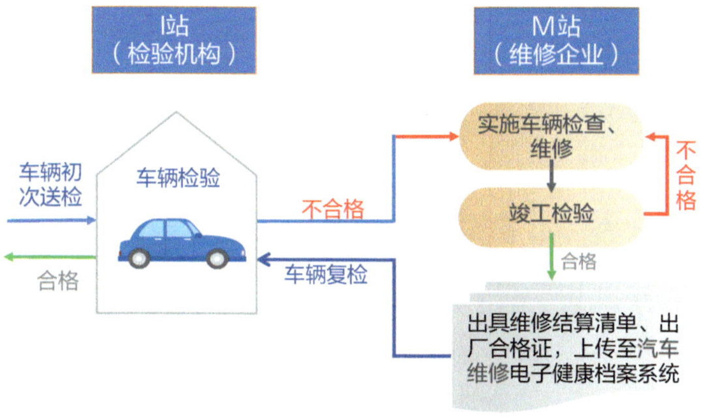

8. 什么是机动车排放召回?

机动车环境保护召回是防治机动车排放污染的重要手段之一。20 世纪 70 年代，美国最早建立并开始实施环境保护召回，随后，欧盟、日本、韩国等国家和地区陆续展开。这些国家和地区通过法律（指令）建立了机动车环境保护召回制度，例如，美国的《清洁大气法案》、欧洲的《欧盟机动车排放指令》（70/220/EEC 及 88/77/EEC）、日本的《环境基本法》和《大气污染防止法》等均有相关规定。

我国大气法第五十八条规定："国家建立机动车和非道路移动机械环境保护召回制度。生产、进口企业获知机动车、非道路移动机械排放大气污染物超过标准，属于设计、生产缺陷或者不符合规定的环境保护耐久性要求的，应当召回；未召回的，由国务院市场监督管理部门会同国务院生态环境主管部门责令其召回。"我国《机动车排放召回管理规定》于 2021 年 3 月 30 日由国家市场监督管理总局审议通过，并经生态环境部同意，于 2021 年 4 月 27 日予以发布。本规定自 2021 年 7 月 1 日起施行。

9. 排放召回适用于哪些情况？

适用范围

①在中华人民共和国境内开展机动车排放召回及其监督管理；

②非道路移动机械的排放召回，以及机动车存在除排放危害外其他不合理排放大气污染物的情形

基本概念

排放召回是指机动车生产者采取措施消除机动车排放危害的活动。

排放危害是指因设计、生产缺陷或者不符合规定的环境保护耐久性要求，致使同一批次、型号或者类别的机动车中普遍存在的不符合大气污染物排放国家标准的情形

进行召回的条件

①由于设计、生产缺陷导致机动车大气污染物排放超过标准；

②由于不符合规定的环境保护耐久性要求，导致机动车大气污染物排放超过标准；

③由于设计、生产缺陷导致机动车存在其他不符合排放标准或不合理排放的情况

国家主管部门开展调查的情景

①机动车生产者未按照通知要求进行调查分析，或者调查分析结果不足以证明机动车不存在排放危害的；

②机动车造成严重大气污染的；

③生态环境部在大气污染防治监督检查中发现机动车可能存在排放危害的

10. 船舶大气污染防治有什么进展？

我国船舶环保管理起步较晚，于 2016 年首次发布排放标准。近年来，为打赢“蓝天保卫战”，船舶大气污染防治工作进展比较迅速。

2016 年 8 月	首次发布船舶大气污染物排放控制国家标准《船舶发动机排气污染物排放限值及测量方法（中国第一、二阶段）》
2018 年 7 月	实施第一阶段船舶排放标准，PM 排放量削减 70%左右，NO_x 排放量削减 20%以上
2018 年 12 月	公布船舶大气污染物排放控制区，进一步降低船舶硫氧化物、氮氧化物、颗粒物和挥发性有机物等大气污染物的排放
2021 年 7 月	实施第二阶段船舶排放标准，与第一阶段相比，PM 排放量削减 20%以上，$HC+NO_x$ 排放量削减 19%以上（以第 1 类船舶为例）

11. 船舶大气污染物排放控制区具体有哪些要求?

为了降低船舶尾气对我国沿海地区的污染程度，我国在 2015 年出台了《珠三角、长三角、环渤海（京津冀）水域船舶排放控制区实施方案》，于 2018 年 12 月 10 日发布了《船舶大气污染物排放控制区实施方案》，重新划定了新的排放控制区。船舶大气污染物排放控制区有三方面环保要求。

（1）硫氧化物和颗粒物排放控制要求

主要是燃油硫含量要求，包括：2019 年 1 月 1 日起，海船进入排放控制区，应使用硫含量不大于 0.5%的船用燃油；2020 年 1 月 1 日起，海船进入内河控制区，应使用硫含量不大于 0.1%的船用燃油；2022 年 1 月 1 日起，海船进入沿海控制区海南水域，应使用硫含量不大于 0.1%的船用燃油等

（2）氮氧化物排放控制要求

当前，根据不同船舶类型要求满足《国际防止船舶造成污染公约》第一或第二阶段氮氧化物排放限值要求。要求 2022 年 1 月 1 日及以后建造或进行船用柴油发动机重大改装的、进入沿海控制区海南水域和内河控制区的中国籍国内航行船舶（单缸排量大于或等于 30 L）满足《国际防止船舶造成污染公约》第三阶段氮氧化物排放限值要求

（3）船舶靠港使用岸电要求

对不同类型的船舶提出了安装船舶岸电系统船载装置的时间要求，以及使用岸电的时间表和具体要求。使用岸电的要求自 2019 年 7 月 1 日起开始实施，以后在适用的船舶范围和停泊时间等方面的要求逐步加严

小知识

岸电技术，就是用岸基电源替代柴油机发电，直接对邮轮、货轮、集装箱船、维修船舶等供电，以减少船舶在港口停泊时的污染排放。

第四章 移动源环保达标管理制度

1. 移动源环境达标管理制度有哪些?

目前，移动源环境达标管理制度按管理对象类型分类主要有机动车环境管理和非道路移动机械环境管理制度。船舶的达标管理由交通运输主管部门负责。机动车环境管理制度已经比较完善，在新车注册登记环节和在用车定期检验环节与交通管理部门形成了协同开展机制。非道路移动机械环境管理制度正在逐步建立中，新机械投入使用环节的登记工作和在用机械监督检查工作尚未形成国家生态环境部门规章制度。

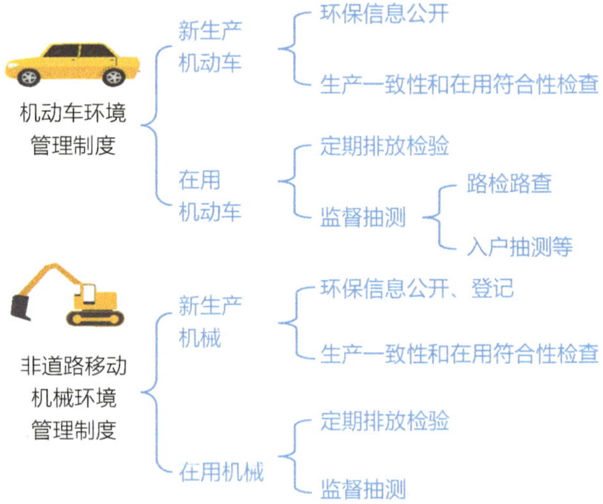

2. 新生产和在用移动源的管理有什么相互关系?

移动源的达标管理制度覆盖了机动车的全生命周期，在机动车设计定型、批量生产和使用等不同阶段，根据达标责任主体、机动车的使用特点、监测方法的适用性等差异性情况，分别制定了应用于新生产和在用移动源的达标管理制度。新生产移动源环境管理是从设计、定型、生产、销售等环节加强环境监管，保证达到排放标准的要求，是从源头上预防和控制移动源污染排放的重要手段；在用移动源环境管理是在使用阶段对移动源加强过程排放监管。这两种管理制度既有差异又相互关联，共同组成移动源全生命周期达标监管体系。

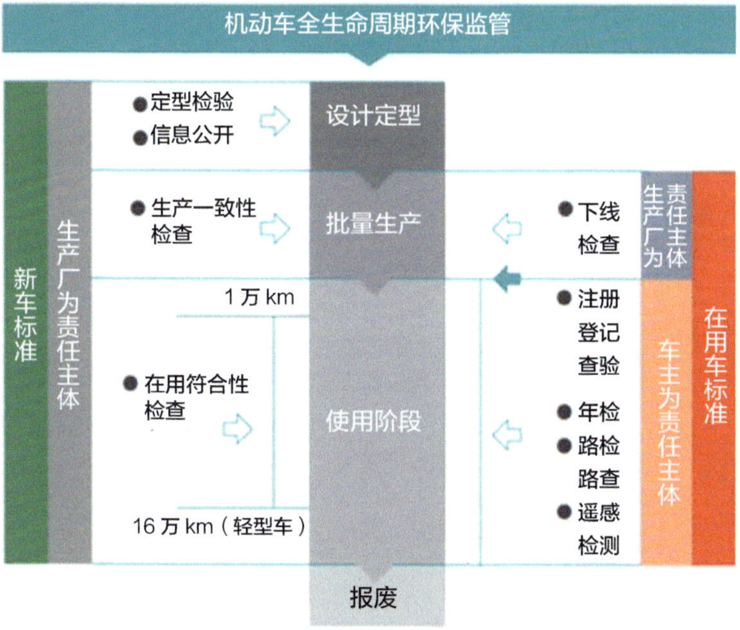

3. 信息公开制度的责任主体是谁?

按照《中华人民共和国大气污染防治法》规定，机动车和非道路移动机械生产、进口企业，应当向社会公开其生产、进口机动车和非道路移动机械的环保信息，包括排放检验信息和污染控制技术信息，并对信息公开的真实性、准确性、及时性、完整性负责。

4. 信息公开的内容有哪些?

机动车和非道路移动机械环保信息公开的内容主要包括企业基本信息、污染控制技术信息和排放检验信息三个方面。

信息公开内容

- 企业基本信息
  - ✓ 机动车和机械生产、进口企业名称
  - ✓ 其他相关信息
- 污染控制技术信息
  - ✓ 环保关键零部件名称、型号、生产企业
  - ✓ 主要环保相关性能参数等
- 排放检验信息
  - ✓ 型式检验信息
  - ✓ 生产一致性检验信息
  - ✓ 在用符合性检验信息
  - ✓ 出厂检验信息（包括检测结果、检验条件、仪器设备、检测机构信息等）

5. 公众如何获得机动车环保信息?

公众可以通过随车环保资料和网页检索等方式方便地获得机动车和非道路移动机械的环保信息。

方式一：通过机动车随车清单、非道路移动机械机身粘贴的环保信息标签查看机动车和非道路移动机械环保信息

方式二：在机动车和非道路移动机械生产、进口企业官方网站，或在生态环境部机动车和非道路移动机械环保信息公开平台（网址：www.vecc.org.cn**），查看机动车和非道路移动机械环保信息**

6．实施生产一致性监督检查的责任主体是谁?

生产一致性监督责任主体

根据《中华人民共和国大气污染防治法》要求，省级以上人民政府生态环境主管部门负责对新生产、销售机动车和非道路移动机械大气污染物排放状况进行监督检查，工业、市场监督管理等有关部门予以配合。

生产一致性达标责任主体

汽车和非道路移动机械用柴油机生产企业应按照相关排放标准和管理文件要求，确保批量汽车和非道路移动机械用柴油机型的环保生产一致性。

7．实施在用符合性监督检查的责任主体是谁?

根据《中华人民共和国大气污染防治法》要求，省级以上人民政府生态环境主管部门负责对新生产、销售机动车和非道路移动机械大气污染物排放状况进行监督检查，工业、市场监督管理等有关部门予以配合。

8. 在用车定期排放检验指什么？

在用车定期排放检验指在用机动车应当按照国家或者地方的有关规定，由机动车排放检验机构定期对其进行排放检验。经检验合格的，方可上道路行驶。未经检验合格的，公安机关交通管理部门不得核发安全技术检验合格标志。

根据《关于进一步规范排放检验加强机动车环境监督管理工作的通知》（国环规大气〔2016〕2 号）的规定，机动车所有人应当依法进行机动车排放检验。机动车排放检验机构应当严格落实机动车排放检验标准要求，并将排放检验数据和电子检验报告传输到生态环境部门，出具由生态环境部门统一编码的排放检验报告。生态环境部门不再核发机动车环保检验合格标志。

排放检验内容主要包括三个方面，分别是车辆外观检查、OBD 检查和排放检测。

- 车辆外观检查
  根据环保信息公开内容，检查车辆环保基本信息和关键配置
- OBD 检查
  使用通用检测仪检查 OBD 是否正常运行，车辆是否有 OBD 报警信息
- 排放检测
  按照排放标准规定进行尾气排放检测，汽油车可进行燃油蒸发检查

排放检验周期与安全技术检验周期一致，按照《中华人民共和国道路交通安全法实施条例》及有关规定执行。

- 小、微型非营运客车（面包车除外）：
  - 6 年以内每两年验车 1 次，免于排放检测
  - 超过 6 年，每两年检 1 次
  - 10 年以上，每年检 1 次
  - 15 年以上，每 6 个月检 1 次
- 摩托车：
  - 4 年以内每 2 年检 1 次
  - 超过 4 年，每年检 1 次
- 营运客车：
  - 5 年以内每年检 1 次
  - 超过 5 年，每 6 个月检 1 次
- 货车和大、中型非营运客车：
  - 10 年以内每年检 1 次
  - 超过 10 年，每 6 个月检 1 次
- 拖拉机和其他机动车每年检 1 次

9. 在用车抽检如何进行?

在用车抽检指周期性检验以外的其他在用车监督检查方法，一般有路检路查、入户抽查和遥感检测等。

路检路查
指在城市重点路段对柴油车开展常态化的检测，由公安交管部门在不影响道路安全、畅通的前提下，对道路行驶车辆进行拦截，生态环境部门对车辆排放状况进行检测取证，排放合格车辆放行，排放超标车辆由公安交管部门依据生态环境部门的检测结果实施处罚，并在规定期限内到具有维修资质的维修站（M 站）进行维修治理，由交通运输部门负责监督维修，经在用车检测机构（I 站）复检合格后，方可上路行驶
入户抽查
指生态环境部门联合交通运输等部门共同开展的，对柴油车超过 20 辆的重点企业进行的入户车辆检测，对排放不合格车辆督促限期到 M 站进行维修治理，并经 I 站复检合格，方可使用。同时，督促指导企业建立完善车辆维护、燃料和车用尿素添加使用台账
遥感检测
指通过遥感设备对道路行驶的柴油车进行自动检测，对 6 个月内连续 2 次超标的柴油车，生态环境部门通知车辆所有人或使用人限期到 M 站进行维修治理，并经 I 站复检合格，方可使用

10. “在用符合性检查”和“在用车排放检验”的区别是什么?

“在用符合性检查”和“在用车排放检验”尽管都是对使用中的车辆进行检验的环境管理要求，但在依据标准、监管目的、监管方法等多个方面存在差异，各地生态环境部门在进行管理时应注意它们的适用性。

	在用符合性检查	在用车排放检验
依据标准	GB 18352	GB 18285、GB 3847、HJ 845
责任主体	汽车生产或进口企业	汽车所有人
监管目的	确保车辆正常使用情况下，在一定寿命期内，排放状况符合新车设计要求	发现车辆污染控制装置严重失效问题，及时开展维修保养；淘汰高排放车辆
监管里程或时间范围	使用不超过 160 000 km（或 12 年，以先到为准）的车辆	从注册登记到报废前的车辆
监管方法	按 GB 18352 规定抽样检测	在用车年检、停放地检测、道路遥测
检测项目	尾气排放、燃油蒸发和 OBD 等	外观检查、尾气排放、燃油蒸发和 OBD 等
测试方法	工况法、RDE 法、密闭室法等	简易工况法、加载减速法、怠速法、自由加速烟度法、压力损失和泄漏流量测量等
排放限值要求	非常严格	宽松
实施监管的主体	省级及以上生态环境部门	各级生态环境部门
不达标情况处置	责令改正，没收违法所得，并处货值金额一倍以上三倍以下罚款，没收销毁无法达标的车辆等	年检：维修并复检； 路检：公安机关交通管理部门依法予以处罚

11. 非道路移动机械编码和登记如何开展?

开展非道路移动机械摸底调查和编码登记工作有三个方面要点:

(1)适用范围

以城市建成区内施工工地、物流园区、大型工矿企业以及港口、码头、机场、铁路货场使用的非道路移动机械为重点。主要包括挖掘机、起重机、推土机、装载机、压路机、摊铺机、平地机、叉车、桩工机械、堆高机、牵引车、摆渡车、场内车辆等机械类型。

(2)登记内容

登记的信息主要包括生产厂家名称、出厂日期等基本信息,所有人或使用人名称(可为单位或个人)、联系方式等登记人信息,排放阶段、机械类型(按用途分)、燃料类型、污染控制装置等技术信息,以及机械铭牌、发动机铭牌、非道路移动机械环保信息公开标签等。

(3)发放和使用

对完成信息登记的非道路移动机械按照统一编码规则发放非道路移动机械环保标牌,并根据实际情况,选择悬挂、粘贴、喷涂等方式固定,环保标牌跨区域有效、各地互认。

第三篇　移动源排放标准篇

环境保护标准作为实施生态环境管理的重要技术依据，在污染防治工作中发挥着重要作用。我国自 1983 年发布第一项汽车排放标准以来，在 30 多年的实践中，移动源排放标准和污染防治工作同步发展，在产品覆盖范围、排放控制要求和达标监管制度建设方面不断创新发展。1983—1998 年为移动源污染控制起步阶段，学习国外经验并逐步开始制定排放标准，摸索移动源管控思路和体制建设；1999—2015 年为快速发展阶段，汽车标准从国一升级到国五，逐步建立发展非道路移动机械标准，基本实现与欧洲标准接轨；2016 年起进入创新发展阶段，在参考国际经验的基础上自主研究制定符合国情的技术要求和实施管理规定，形成从实验室到各种实际道路测试、覆盖机动车船全生命周期的排放测试技术体系，支撑“天-地-车-人”全方位达标监管体系建立、“油-路-车”结构性调整优化等机动车船综合污染防治工作。我国在国际移动源排放标准制（修）订合作中的话语权不断提升，凸显了环保标准在国际竞争中的战略性作用。

本篇为“移动源排放标准篇”，系统梳理了移动源环保标准相关的主要知识，包括十一章，分别介绍了移动源排放标准的整体情况，汽车、摩托车、非道路移动机械、船舶四类移动源的新车和在用车大气污染物排放标准及移动源噪声标准等重要内容。本篇第一、二、三章由李刚编写，第四章由黄志辉编写，第五章由吉喆编写，第六章由屈小梭编写，第七章由张艳编写，第八章由李凯编写，第九章由赵海光编写，第十章由伊飞编写，第十一章由马帅编写。

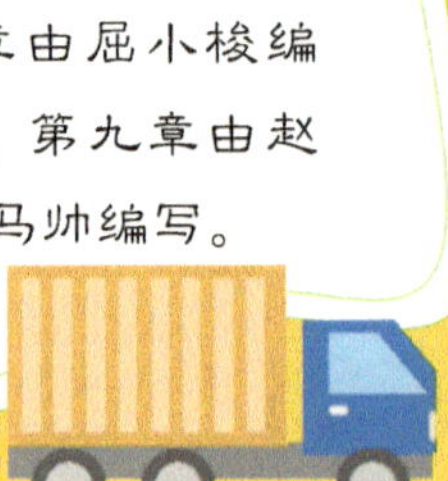

第一章 移动源标准概况

1. 移动源排放标准指什么？

污染物排放标准是为了实现环境质量的要求，对污染源排入环境的污染物质或各种有害因素所作的限制性规定。通常来说，移动源排放标准既包括排放控制技术要求，也包括达标管理要求。我国的移动源排放标准具有强制实施的法律效力，其作用是为了让汽车、非道路移动机械等和人类和谐共存，在有限的环境容量的前提下，通过降低每辆车的排放，而让更多的车辆能够为人们服务。

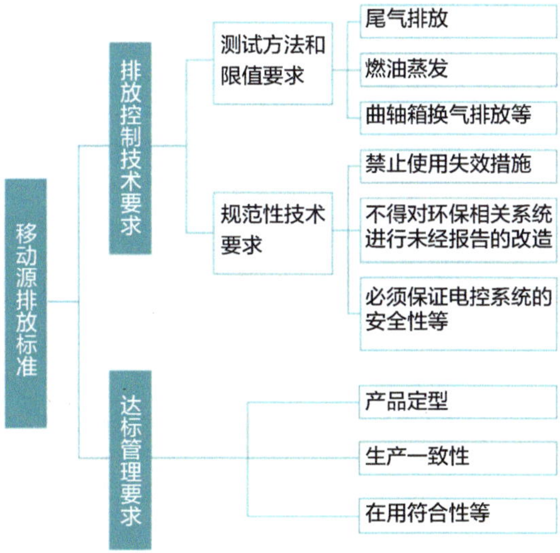

2. 我国最早的机动车排放标准有哪些？

为应对机动车排放污染，早在 1983 年，我国就颁布了一批机动车污染物排放控制标准。这批标准包括三项限值标准和对应的三项测量方法标准。第一批机动车排放标准控制对象为汽油车和柴油车，采用怠速法、自由加速法和强制装置法控制污染排放，实施标准的管理机构主要是国家汽车行业主管部门和地方政府。这一批标准的制定和实施，标志着我国汽车尾气法规标准从无到有，并逐步走向法制治理汽车尾气污染的道路。

最早的机动车排放标准

序号	标准号	标准名称
1	GB 3842—83	《汽油车怠速污染物排放标准》
2	GB 3843—83	《柴油车自由加速烟度排放标准》
3	GB 3844—83	《汽车柴油机全负荷烟度排放标准》
4	GB 3845—83	《汽油车怠速污染物测量方法》
5	GB 3846—83	《柴油车自由加速烟度测量方法》
6	GB 3847—83	《汽车柴油机全负荷烟度测量方法》

3. 我国排放标准的发展情况如何?

我国自1983年制定第一个汽车排放标准以来，已先后制定了60余项国家机动车船大气污染物排放相关标准。随着标准的不断更新和修订，基本形成了涵盖道路车辆和非道路移动源的排放标准体系。道路车辆排放标准体系已经较为完善；非道路移动源中移动机械和船舶已经制定并实施国家污染物排放标准，生态环境部也已经启动火车排放标准的研究制订工作，而飞机一般执行国际公约，生态环境部暂未有制订专门排放标准的计划。

与欧美等先进国家和地区相比，我国移动源排放标准制定起步晚但发展快。国际上对机动车的污染物排放控制基本始于20世纪70年代，从90年代开始引入非道路移动源。我国与欧美等国家相比，起步晚了13年。目前，轻型车和重型车污染物排放控制已与欧洲先进水平接轨，非道路柴油机械标准与欧美差距也大幅缩小，2022年实施非道路柴油机械第四阶段排放标准，相比欧洲同等控制水平的排放标准（欧Ⅴ）只落后3年。

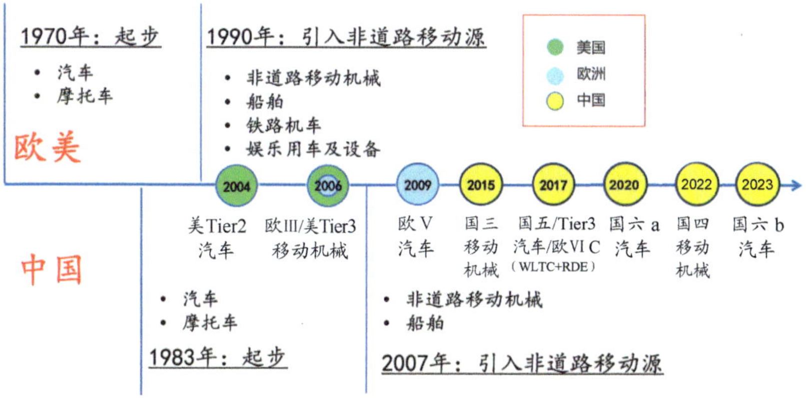

国内外移动源排放标准发展情况

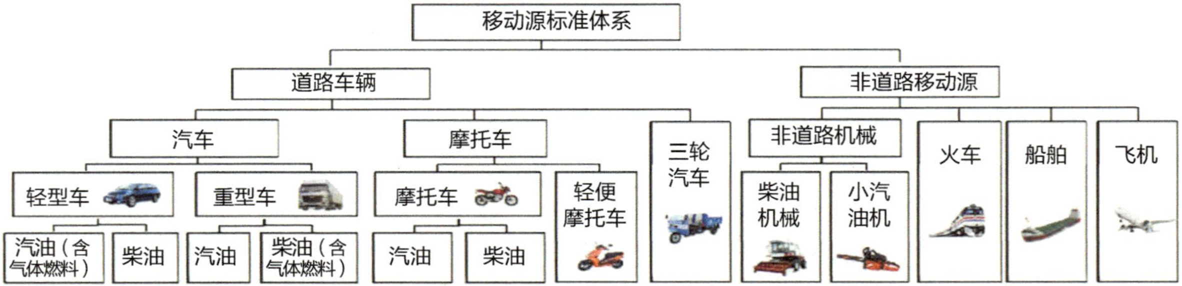

类别		轻型车 汽油（含气体燃料）	轻型车 柴油	重型车 汽油	重型车 柴油（含气体燃料）	摩托车 汽油	摩托车 柴油	轻便摩托车	三轮汽车	柴油机械	小汽油机	火车	船舶	飞机
排放标准	新生产	国六		国四，国五制订中	国六	国四，国五制订中		国四，国五制订中	国二，并入非道路机械标准	国四，国五制订中	国二，国三制订中	执行行业标准，国标制订中	国二	履行国际公约
	在用	汽油车：2018 年发布 柴油车：2018 年发布				2011 年发布，新标准制订中			2002 年发布	2018 年发布	/	/	制订中	/
噪声标准	新生产	2002 年发布，新标准制订中				2005 年发布，新标准制订中			2005 年发布	制订中	尚未制订	/	/	/
	在用	1996 年发布，新标准制订中				2005 年发布，新标准制订中			2001 年发布	/	/	/	/	/
车内空气标准		2011 年实施，GB/T 27630—2011（仅适用于 M1 类车，非强制标准）												

注：“/”指尚未制订，且国外无相关标准

我国移动源排放标准体系现状

4. 移动源排放控制有哪些国际公约?

对于移动源排放控制，在国际上，主要有国际海事组织（IMO）、国际铁路联盟（UIC）和国际民航组织（ICAO）分别对船舶、火车和飞机提出了污染物排放控制的国际公约。

国际海事组织提出的《经 1978 年议定书修订的 1973 年国际防止船舶造成污染公约的 1997 年修正议定书》，规定了三个阶段的污染物排放要求，同时规定了设立排放控制区（ECA）的内容

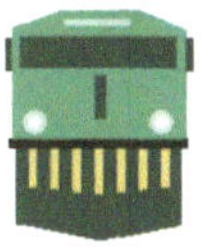

国际铁路联盟于 1922 年成立，自 1980 年开始，UIC 逐步颁布了三个阶段的火车污染物排放限值标准，适用于国际铁路联盟所有成员国

国际民航组织颁布了航空发动机排放标准。ICAO 的缔约国均需遵守标准规定的国际空运要求

5. 新车标准有哪些?

目前，我国对各类移动源基本均已制订新车排放标准，轻型汽车、重型柴油和燃气车已经进入国六标准阶段，火车标准正在制订，飞机一般执行国际公约，尚无标准制订计划。

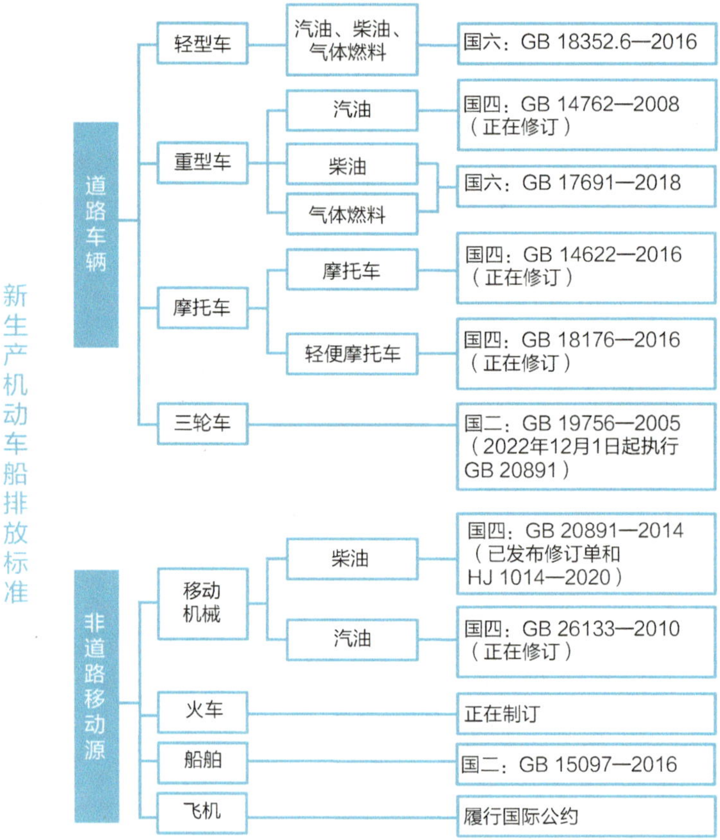

6. 在用车标准有哪些?

我国在用车排放标准体系正在逐步完善，现已全面覆盖道路车辆；非道路移动源方面，目前正在实施的仅有非道路柴油机械 1 项排放标准，在用船舶排放标准正在制订，而非道路小汽油机、火车和飞机均未启动标准制订工作。

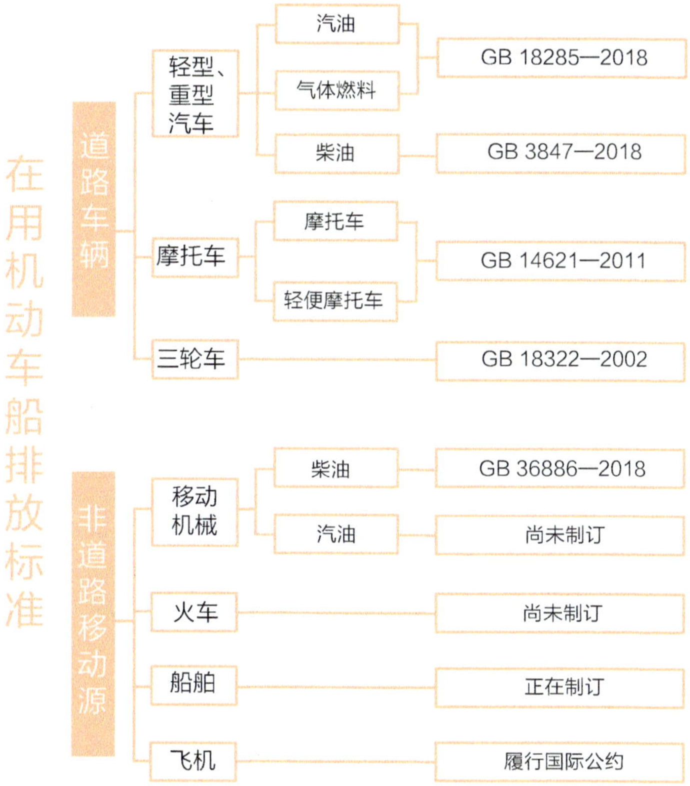

7. 新车标准和在用车标准有什么区别?

从标准的监管对象来看，国际上通常把机动车船分为新生产和在用两种情况分别制定排放标准，采取不同的检测手段和达标监管方法，从而实现全生命周期的监管。两种标准的责任主体、监管方法等的主要区别如下。

新车标准和在用车标准的区别

内容	新车标准	在用车标准
实施部门	省级及以上生态环境部门	各级生态环境部门
责任主体	车辆生产厂或进口商	车主
监管方法	信息公开 生产一致性检查 在用符合性检查	周期检验 路检路查
测试方法	实验室工况法 实际运行车载检测法	怠速或简易工况法 自由加速法、加载减速法 遥感法
检查环节	新车定型、生产、销售、在用	从注册登记直至报废
难易程度	设备复杂、检测周期长、检测精度高	设备较为简易、检测速度快、检测精度相对较低

8. 移动源还有其他环保标准吗？

除了强制性国家污染物排放标准，我国还发布了一系列与机动车排放控制相关的环境保护标准，以辅助排放标准的有效实施。

序号	标准编号、名称	配套标准及作用
1	HJ 500—2009 轻型汽车车载诊断（OBD）系统管理技术规范	GB 18352.3—2005 详细的技术要求
2	HJ/T 291—2006 汽油车稳态工况法排气污染物测量设备技术要求	GB 18285—2005 详细的测试设备技术要求和制定地方标准的技术依据
3	HJ/T 290—2006 汽油车简易瞬态工况法排气污染物测量设备技术要求	
4	HJ/T 289—2006 汽油车双怠速法排气污染物测量设备技术要求	
5	HJ/T 396—2007 点燃式发动机汽车瞬态工况法排气污染物测量设备技术要求	
6	HJ/T 240—2005 确定点燃式发动机在用汽车简易工况法排气污染物排放限值的原则和方法	
7	HJ/T 395—2007 压燃式发动机汽车自由加速法排气烟度测量设备技术要求	GB 3847—2005 详细的测试设备技术要求和制定地方标准的技术依据
8	HJ/T 292—2006 柴油车加载减速工况法排气烟度测量设备技术要求	
9	HJ/T 241—2005 确定压燃式发动机在用汽车加载减速法排气烟度排放限值的原则和方法	
10	HJ 437—2008 车用压燃式、气体燃料点燃式发动机与汽车车载诊断（OBD）系统技术要求	GB 17691—2005 补充具体技术要求
11	HJ 438—2008 车用压燃式、气体燃料点燃式发动机与汽车排放控制系统耐久性技术要求	
12	HJ 439—2008 车用压燃式、气体燃料点燃式发动机与汽车在用符合性技术要求	
13	HJ 689—2014 城市车辆用柴油发动机排气污染物排放限值及测量方法（WHTC 工况法）	
14	HJ 857—2017 重型柴油车、气体燃料车排气污染物车载测量方法及技术要求	
15	HJ 845—2017 在用柴油车排气污染物测量方法及技术要求（遥感检测法）	控制柴油车实际排放

序号	标准编号、名称	配套标准及作用
16	HJ 1014—2020 非道路柴油移动机械污染物排放控制技术要求	GB 20891—2014 补充具体技术要求
17	HJ 1239.1—2021 重型车排放远程监控技术规范 第1部分 车载终端	GB 17691—2018 补充远程监控相关技术要求
18	HJ 1239.2—2021 重型车排放远程监控技术规范 第2部分 企业平台	
19	HJ 1239.3—2021 重型车排放远程监控技术规范 第3部分 通讯协议及数据格式	

第二章
新生产轻型车排放标准介绍

1. GB 18352.6 有哪些污染物控制要求?

第六阶段轻型车排放标准既包括排放控制技术指标，如排气和燃油蒸发污染物测试方法和限值，也包括对车辆从产品定型到批量生产，直至运行使用过程中的达标管理要求。除了测试方法和限值要求，标准也规定了生产企业必须满足的一些规范性技术要求。

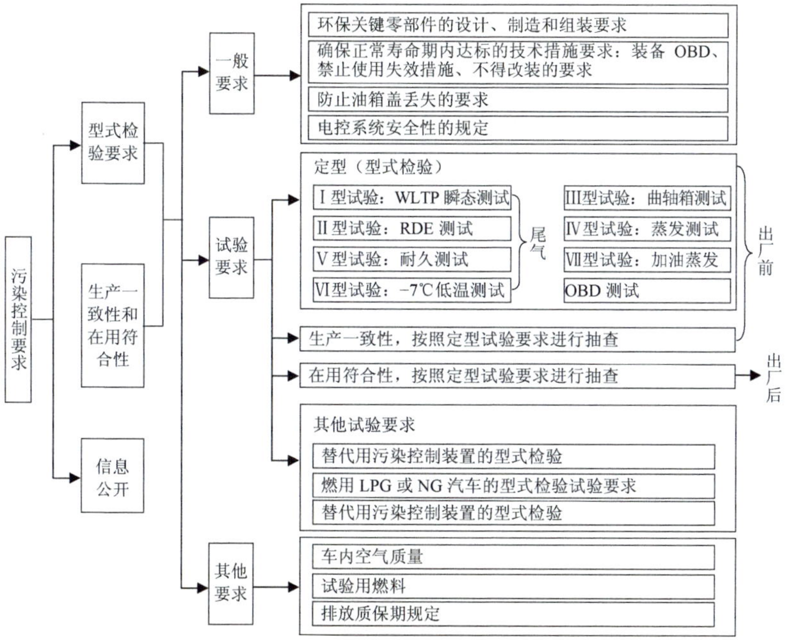

轻型车第六阶段排放标准污染物控制要求

2. 有哪些测试方法？限值要求是多少？

第六阶段轻型车排放标准规定了八项测试方法和相应的排放限值，包括：常温下冷启动后排气污染物排放试验（Ⅰ型试验）、实际行驶污染物排放试验（Ⅱ型试验）、曲轴箱污染物排放试验（Ⅲ型试验）、蒸发污染物排放试验（Ⅳ型试验）、污染控制装置耐久性试验（Ⅴ型试验）、低温下冷启动后排气污染物排放试验（Ⅵ型试验）、加油过程污染物排放试验（Ⅶ型试验）以及车载诊断（OBD）系统试验。

自第一阶段以来，轻型车污染物排放限值已经得到大幅降低，第六阶段轻型车排放标准Ⅰ型试验的排放限值，整体上相比第五阶段加严了50%以上，并且增加了 N_2O 和 PN 的限值要求。

Ⅰ型试验排放限值（6a/6b）

分类		测试质量（TM）/kg	限值						
			CO/（mg/km）	THC/（mg/km）	NMHC/（mg/km）	NO_x/（mg/km）	N_2O/（mg/km）	PM/（mg/km）	PN[1]/（10^{11} 个/km）
第一类车		全部	700/500	100/50	68/35	60/35	20/20	4.5/3.0	6.0/6.0
第二类车	Ⅰ	TM≤1 305	700/500	100/50	68/35	60/35	20/20	4.5/3.0	6.0/6.0
	Ⅱ	1 305<TM≤1 760	880/630	130/65	90/45	75/45	25/25	4.5/3.0	6.0/6.0
	Ⅲ	1 760<TM	1 000/740	160/80	108/55	82/50	30/30	4.5/3.0	6.0/6.0

(1) 2020 年 7 月 1 日前，汽油车适用 6.0×10^{12} 个/km 的过渡限值。

3. 什么是 I 型试验?

I 型试验为常温下冷启动后排气污染物排放试验，主要用来判断车辆在常温环境下尾气排放是否达标。试验时把车辆放置在带有载荷和惯量模拟的底盘测功机上，在 23℃±5℃的环境下，按测试循环（也称为测试工况）要求完成对车辆的驾驶，同时进行排气取样和分析。

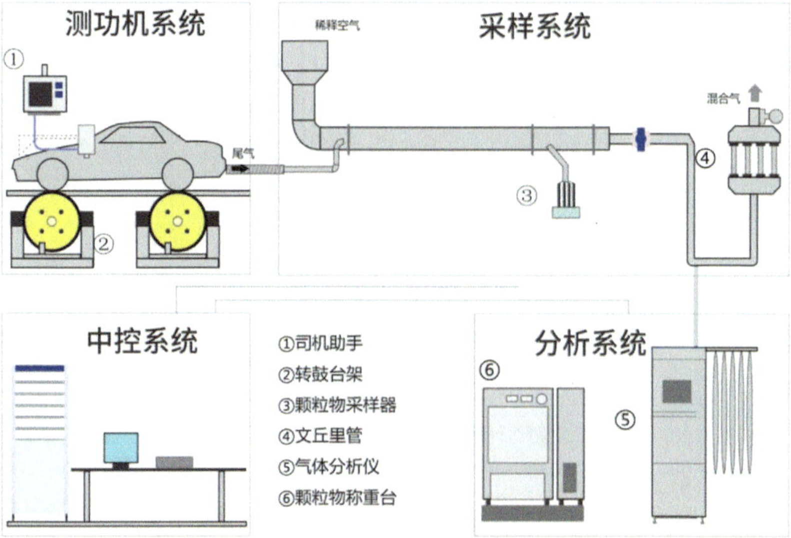

I 型试验检测系统示意图

4. Ⅰ型试验的测试工况是什么?

Ⅰ型试验采用全球统一轻型车测试工况（WLTC），与国五标准相比，测试工况突出体现瞬时变化，更接近实际行驶状态，有效减小了实验室测试工况下排放与实际使用排放的差距，能较好地考察车辆排放控制装置在常温冷启动低速行驶、中速行驶、高速行驶和超高速行驶下的工作能力。

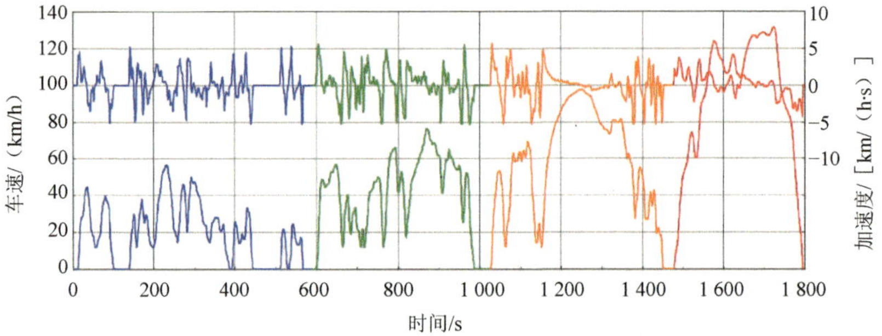

WLTC 测试工况

5. 什么是Ⅱ型试验?

Ⅱ型试验为实际行驶污染物排放试验，也就是我们常说的 RDE 测试，主要用来判断车辆在实际道路行驶过程中的尾气排放是否存在问题。RDE 测试时，车辆要在实际道路上行驶 90～120 min，其间利用便携式排放测试设备（PEMS）进行尾气测试。此试验方法的测试工况具有随机性，是实验室测试的必要补充，能够有效避免类似“大众排放门”之类的排放作弊行为。同时，由于测试地点不再限于排放实验室，且测试设备价格远低于实验室设备，更有利于主管部门执行监督管理。

RDE 测试

6. 什么是Ⅲ型试验？

Ⅲ型试验为曲轴箱污染物排放试验，主要用来判断曲轴箱是否泄漏污染物。车辆测试时，需按规定的运转工况运行，测量曲轴箱内压力，所获得的数值应不超过测量时的大气压力。

7. 什么是Ⅳ型试验？

Ⅳ型试验为蒸发污染物排放测试，主要用来判断汽车尾气排放之外的，在车辆静置过程中可能产生的由燃油系统或其他车用材料释放出的碳氢化合物蒸汽。车辆在密闭性能良好的矩形测量室（即密闭室）内完成蒸发污染物排放试验，主要包括在 38℃±2℃环境下的 1 h 热浸试验和在 20～35℃环境下的 2 日昼夜排放测试，车辆在密闭室内试验时处于静止状态。Ⅳ型试验主要模拟了车辆实际使用过程中会发生的热浸损失和换气损失过程。

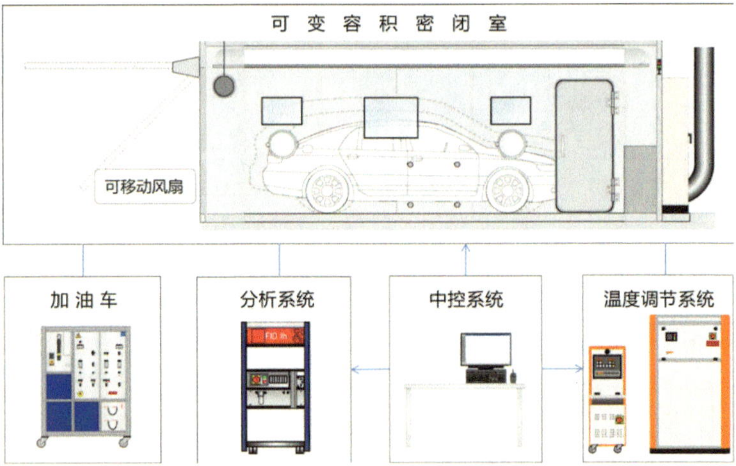

蒸发污染物排放测试系统示意图

8. 什么是Ⅴ型试验?

Ⅴ型试验为污染控制装置耐久性试验，该试验用以考察定型或批量生产的新车能否在规定的耐久里程中满足排放限值的要求。耐久性试验可以在底盘测功机上或试验场中行驶车辆来进行，也可用发动机台架老化试验方法进行，还可以使用具有等效性的替代老化试验方法进行耐久性试验。标准要求在整个耐久性试验过程中，试验车辆排放测试结果不得超过Ⅰ型试验排放限值。耐久试验结束后，根据测试结果计算出劣化系数（或修正值）。

9. 什么是Ⅵ型试验?

Ⅵ型试验为车辆低温下冷启动后排气中 CO、THC 和 NO_x 排放试验，该测试方法能够考察车辆在低温环境或长期低负荷行驶情况下的排放状况。该试验方法类似于Ⅰ型试验，可以认为是-7℃情况下的Ⅰ型试验，主要区别有两方面：一是环境温度条件为-7℃±3℃，试验在低温舱内进行；二是测试工况由Ⅰ型试验的低速段和中速段两部分工况段组成。

10. 什么是Ⅶ型试验?

Ⅶ型试验为加油过程燃油蒸发排放试验，主要用来测量车辆在加油过程中产生的碳氢化合物的蒸发排放量。试验同样是在密闭性能良好的矩形测量室内完成，车辆在油箱容量 10%的状态下时，通过燃料供给控制系统给车辆加油到自由跳枪，其间检测碳氢化合物的排放量。

加油过程蒸发排放试验结果应采用Ⅶ型试验确定的劣化修正值进行校正，校正后的加油过程蒸发污染物排放量不得超过 0.05 g/L。

11. 什么是 OBD 试验?

OBD 系统是一种车载诊断系统，通过电控系统（ECU）接收车辆安装的传感器信号并进行逻辑计算，随时监控发动机的运行状况和车辆污染控制装置及系统的工作状态，通过点亮故障指示器通知车辆驾驶员进行维修和处理。

OBD 试验就是判断 OBD 系统是否能够正常工作的一种试验。通过使用故障件模拟故障发生，如蒸发泄漏，通过特制带小孔的加油盖，模拟车辆供油系统出现泄漏的故障，此时 OBD 系统应能正常监测并反馈故障状态，点亮故障灯。

12. 国六标准的监督管理要求有哪些?

轻型车国六标准通过生产一致性和在用符合性要求，对车辆进行从新车定型到批量生产和使用阶段的全生命期的达标监督管理。其中，新车生产一致性主要是为了保证批量生产的汽车和已经完成型式检验的车型是一致的。在用符合性主要是为了保证车辆在正常使用的寿命期内，污染物排放符合标准要求。

轻型车监管要求

车辆不同阶段	生产企业责任	生态环境部门监管
型式检验阶段	生产一致性保证计划制订； 型式检验； 信息公开	企业生产一致性保证能力确认； 型式检验确认检查
批量生产阶段	生产一致性自查、报告、整改（如有）； 信息公开	生产一致性监督检查
使用阶段	在用符合性自查计划； 在用符合性自查、报告、整改（如有）； 提供零部件排放质保服务； 信息公开	在用符合性监督检查

第三章 新生产重型车排放标准介绍

1. GB 17691—2018 适用于哪些重型车?

GB 17691—2018 适用于最大设计总质量大于 3 500 kg 的 M_1 类及所有 M_2、M_3、N_2 和 N_3 类汽车（车辆类型定义见下表），包括柴油车、燃气车和双燃料车，也包括混合动力电动汽车。GB 17691—2018 标准适用于上述车辆的型式检验、生产一致性检查、新生产车排放监督检查和在用符合性检查。

车辆类型		座位数（含驾驶员）	最大设计总质量
客车（M 类）	M_1	≤9 座	>1 000 kg
	M_2	>9 座	3 500 kg<质量≤5 000 kg
	M_3	>9 座	>5 000 kg
货车（N 类）	N_1	—	≤3 500 kg
	N_2	—	3 500 kg<质量≤12 000 kg
	N_3	—	>12000 kg

2. GB 17691—2018 有哪些排放控制要求？

重型车国六标准涵盖了从新产品型式检验到整车使用过程中的诸多技术要求和测试规定，以及监督检查的管理要求。排放控制要求体系非常全面，主要技术内容包括发动机台架工况法试验、发动机台架非标准循环排放试验、整车实际道路车载法试验（PEMS）、车载诊断系统（OBD）和氮氧化物（NO_x）控制提示系统试验、排放控制耐久性要求等。

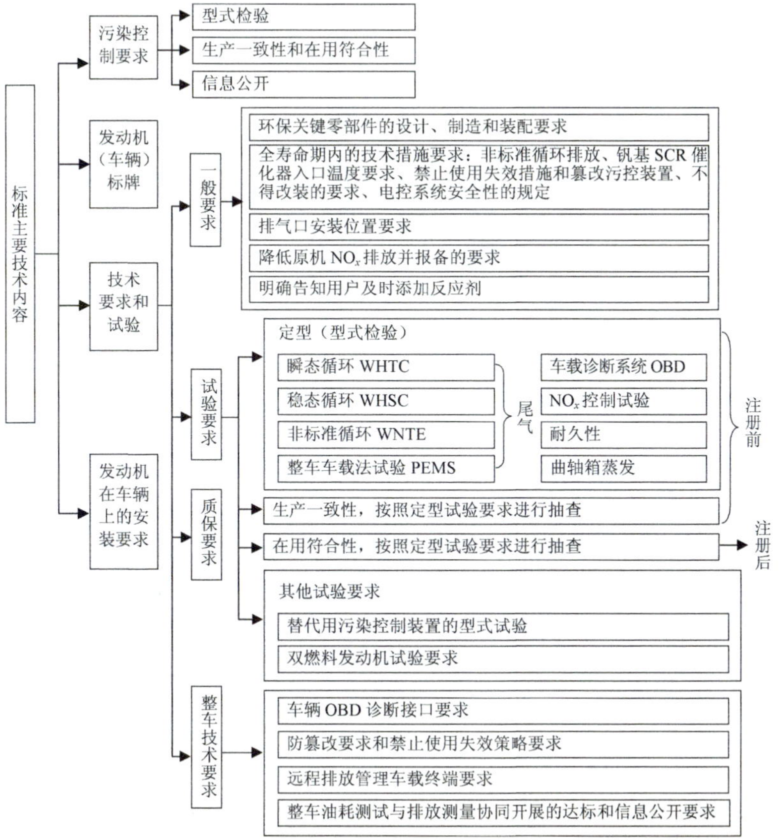

重型车第六阶段标准控制要求

3. 稳态和瞬态循环排放测试方法是什么?

稳态和瞬态循环排放测试在发动机台架上进行。第六阶段标准采用了全球统一的重型车测试循环，包括稳态循环（WHSC）和瞬态循环（WHTC），还提出了非标准循环（WNTE）测试要求。WHSC试验是指按照标准中规定的顺序及运行时间依次进行 13 个工况点的排放测试，WHTC 试验指发动机在台架上按照逐秒变化的瞬态工况运行，对整个运行过程中发动机排气进行连续稀释采样和测试。

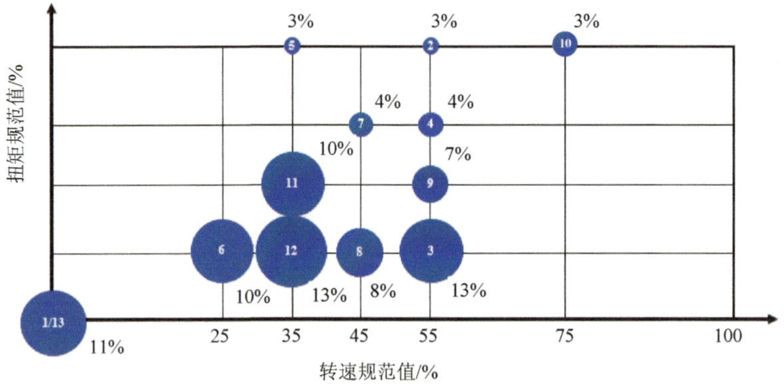

发动机台架测试稳态循环

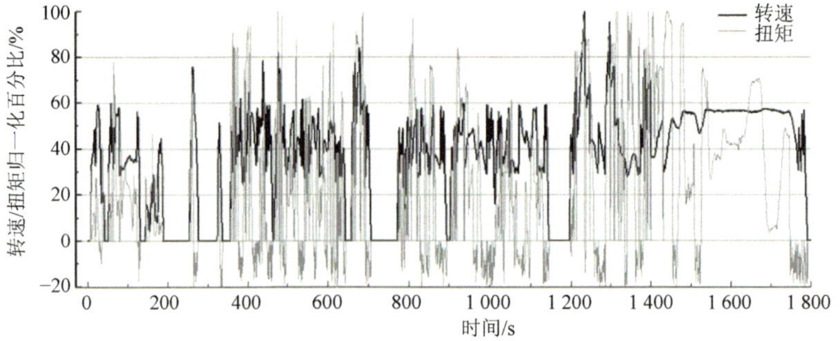

发动机台架测试瞬态循环

4. 什么是非标准循环（WNTE）试验?

第六阶段标准增加了 WNTE 测试，目的是防止排放控制装置仅在标准测试的工况下起作用，其他工况不起作用。与标准循环测试相比，WNTE 测试方法有两个特点：一是测试环境条件范围更大，基本包括了车辆实际使用中可能遇到的环境条件；二是 WNTE 测试工况不固定，测试时，在排放控制区（WNTE 区域）内按标准规定，随机选择 15 个工况点，按照一定顺序进行排放测试。

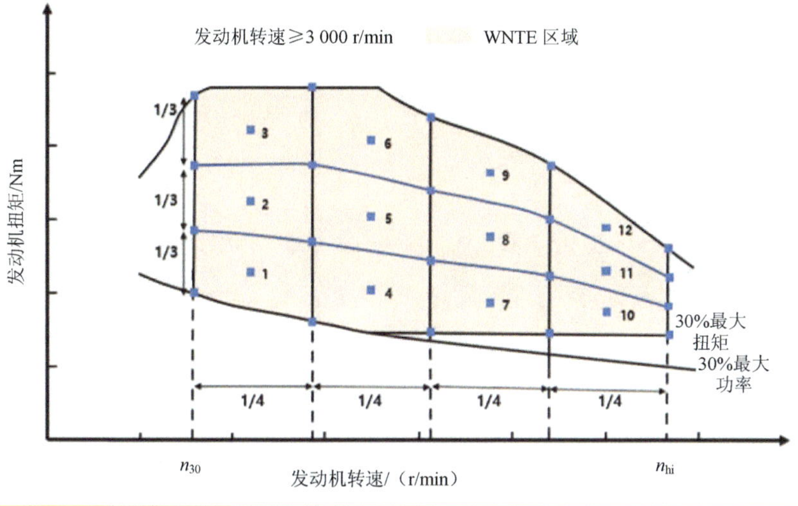

发动机非标准循环测试工况

5. 什么是整车排放测试？

整车排放测试指当被测试车辆在实际道路上行驶时，利用便携式排放测试设备（PEMS）进行尾气排放测试。整个测试需要 120～180 min，其间车辆需要在城市道路、郊区道路、高速路等不同类型的道路上连续行驶，对于不同种类的车辆，不同类型道路占比有所区别，从而更真实地模拟车辆的实际运行状态。

PEMS 测量方法是重型车排放标准的一个重大改进，解决了整车污染物排放一直以来没有有效测试方法的问题，此测试方法的运行工况具有随机性，能够有效控制实际道路运行时的污染物排放，也使得在用符合性检验得以实施，是今后整车监管的重要手段。

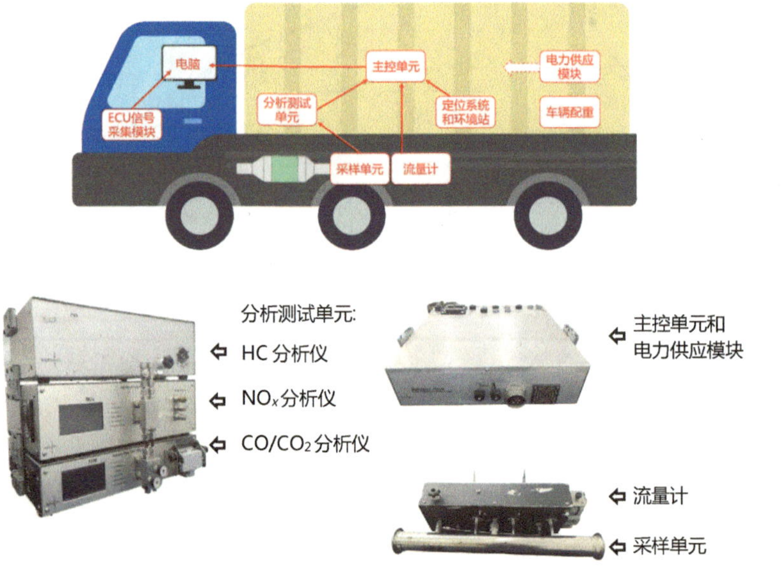

整车车载法排放测试设备及安装示意图

6. 污染物排放限值要求是多少?

重型柴油车历经六个阶段的标准实施，国六标准大幅加严排放限值，NO_x 和 PM 比国五标准分别削减 77%和 67%。

第六阶段标准中还增加颗粒物粒数（PN）限值，促进柴油机颗粒捕集器技术的使用；增加 NH_3 限值，防止过量喷射尿素等反应剂而产生的 NH_3 排放问题。

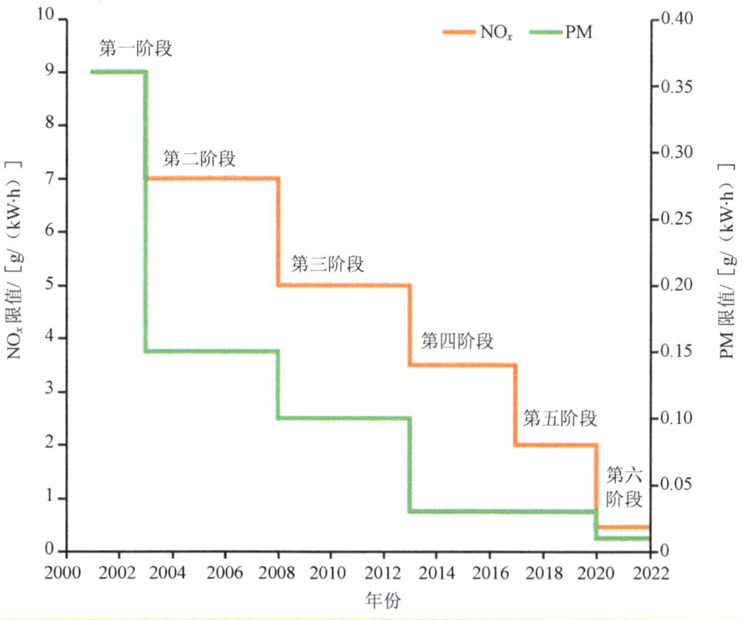

重型车排放标准限值加严进程

重型车国六标准中稳态循环（WHSC）试验、瞬态循环（WHTC）试验、非标准循环（WNTE）试验和整车车载法（PEMS）试验及限值分别见表1～表3。

表1 WHSC/WHTC 试验排放限值

试验	CO	THC	NMHC	CH_4	NO_x	PM	PN	NH_3
	mg/（kW·h）						个/（kW·h）	10^{-6}
WHSC 工况（CI[1]）	1 500	130	—	—	400	10	8.0×10^{11}	10
WHTC 工况（CI[1]）	4 000	160	—	—	460	10	6.0×10^{11}	10
WHTC 工况（PI[2]）	4 000	—	160	500	460	10	6.0×10^{11}	10

(1) CI=压燃式发动机。

(2) PI=气体燃料点燃式发动机。

表2 WNTE 试验排放限值

试验	CO/［mg/（kW·h）］	THC/［mg/（kW·h）］	NO_x/［mg/（kW·h）］	PM/［mg/（kW·h）］
WNTE 工况	2 000	220	600	16

表3 PEMS 试验排放限值

发动机类型	CO/［mg/（kW·h）］	THC/［mg/（kW·h）］	NO_x/［mg/（kW·h）］	PN[1]/［个/（kW·h）］
压燃式	6 000	—	690	1.2×10^{12}
点燃式	6 000	240（LPG） 750（NG）	690	—
双燃料	6 000	1.5×WHTC 限值	690	1.2×10^{12}

(1) PN 从 6b 阶段开始实施。

第四章
在用汽油车标准介绍

1. 在用汽油车标准控制哪些项目?

在用汽油车标准适用于汽车在生产线合格下线前的排放检验、进口汽油车入境前的排放检验、汽油车注册登记及定期排放检验等环节，主要控制项目有外观检验、OBD 检查、排气污染物检验和燃油蒸发检验。对符合免检规定的车辆可按免检规定进行。

在用汽油车排放标准检验项目表

检验项目	新车下线	进口车入境	注册登记[1]	在用汽车[1]
外观检验	进行	进行	进行	进行[2]
OBD 检查	进行	进行	进行	进行[3]
排气污染物检验	抽测[4]	抽测[4]	进行	进行[5]
燃油蒸发检验	不进行	不进行	按有关规定	按规定

[1] 符合免检规定的车辆，按照免检相关规定进行。
[2] 查验污染物控制装置是否完好。
[3] 适用于装有 OBD 的车辆。
[4] 混合动力汽车的污染物排放抽测应在最大消耗模式下进行。
[5] 变更登记、转移登记检验按有关规定进行。

在用汽油车的排放检验主要有双怠速法、稳态工况法、简易瞬态工况法三种测试方法，控制污染物主要为一氧化碳、碳氢化合物、氮氧化合物。标准规定两个排放限值，其中限值 a 是为防治在用汽油车排气污染，促进在用汽油车强制维护保养而制定的排气污染物排放限值；汽车保有量达到 500 万辆以上或机动车排放污染物为当地主要空气污染源的超大城市或特大城市，经省级人民政府批准后可以选用限值 b。

2. 在用汽油车标准的检验流程是什么?

在用汽油车的检验按照图示流程开展。

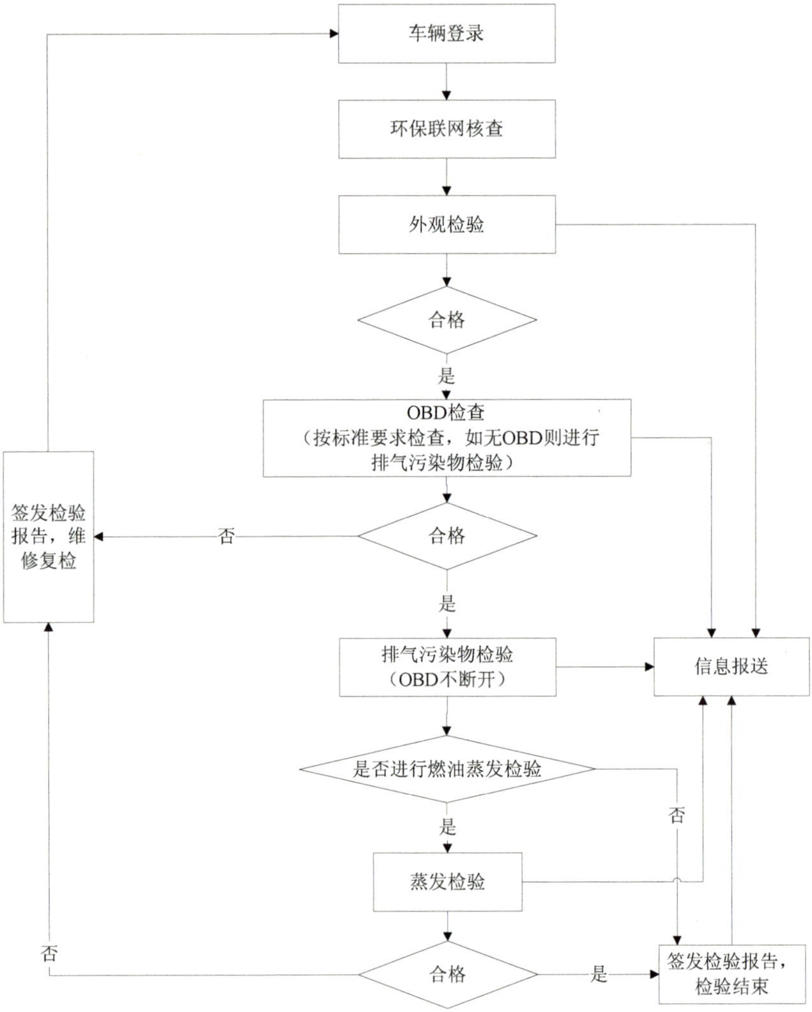

3. 什么是双怠速法?

双怠速法是对未进行加载的车辆，在怠速和高怠速工况下分别测量汽车排气污染物浓度的一种简易的尾气检测方法。主要用于因特殊情况无法采用简易工况法进行上线检测的车辆，例如，无法切换两驱模式的四驱车辆。

达到预热状态的车辆，在高怠速状态下，将排气分析仪取样探头插入排气管中，读取 30 s 内的 CO 和 HC 的排放浓度，并计算平均值作为高怠速检测结果。发动机从高怠速降至怠速状态 15 s 后，读取 30 s 内的排放浓度，并计算平均值即为怠速污染物测量结果。

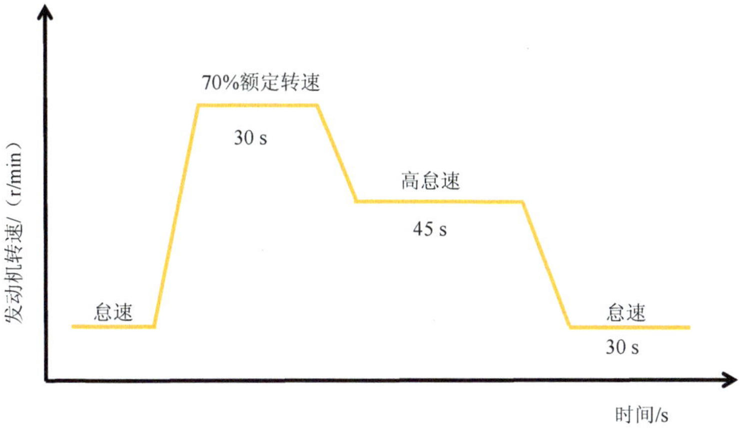

双怠速测试工况

4. 什么是工况法测试?

工况法顾名思义就是利用底盘测功机模拟车辆在道路上实际运行时加载和工况，同时进行排气污染物检测，因此检测获取的数据相比较双怠速法更为接近车辆的实际排放情况。目前，汽油车简易工况法主要分为稳态工况法、瞬态工况法和简易瞬态工况法。

5. 稳态工况法怎么做?

稳态工况法是车辆在底盘测功机上进行稳态工况下的测试，测试循环为两组不同加载功率和速度的匀速工况，分别为 ASM5025 和 ASM2540 两个工况。检测员根据工况驾驶车辆，通过排气分析仪测量车辆的 CO、HC、NO 污染物浓度，计算工况期间的所有连续 10 s 的污染物浓度平均值，其所有污染物的测试平均值均小于限值，则判定检验合格。为提高检测效率，两个工况在前 10 s 分别设置快速检测工况，其污染物平均值小于限值的 50%，即可判定检测合格。

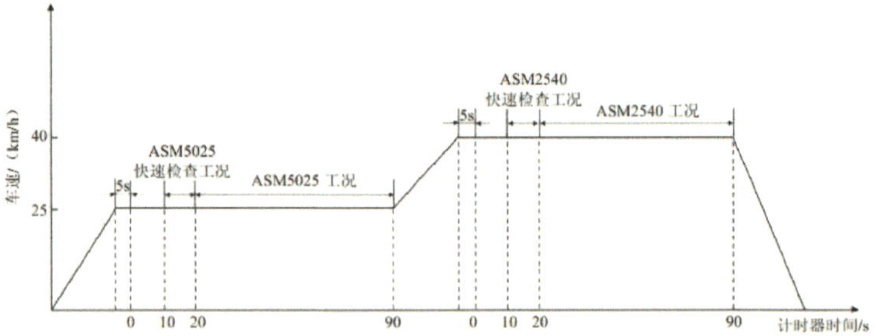

稳态工况法测试工况

6. 瞬态工况法怎么做?

瞬态工况法与简易瞬态工况法是由新车排放标准中的测试工况简化而来，工况中设有怠速、加速、减速、等速几个阶段，整个测试循环约 195 s。在整个测试过程中，排放测量系统逐秒测量并记录稀释排气的 HC、CO、CO_2 和 NO_x 浓度，测试结束后进行污染物排放量的计算。瞬态工况法和简易瞬态工况法使用的是相同的测试循环，而瞬态工况法使用的设备相对简易瞬态工况法设备功能及精度更高，设备昂贵，因此瞬态工况法主要在汽车生产企业下线检验时使用，在用车定期检验中主要使用简易瞬态工况法。

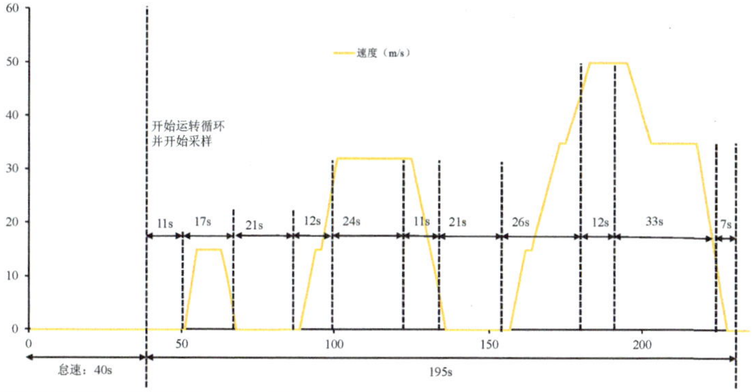

瞬态工况法测试工况

7. OBD 检查怎么做?

OBD 检查时，将 OBD 诊断仪连接车辆 OBD 接口，OBD 诊断仪扫描内容自动传输至检测主控机，主控机检测软件自动记录和判定。

定期检验时需进行 OBD 检查的车辆包括 2011 年 7 月 1 日以后生产的轻型汽油车（含轻型燃气车）和 2013 年 7 月 1 日以后生产的重型汽油车。

OBD 检查

第五章
在用柴油车标准介绍

1. 在用柴油车标准控制哪些项目？

在用柴油车标准适用于柴油车在生产线合格下线前的排放检验、进口柴油车入境前的排放检验、柴油车注册登记及定期排放检验等环节，主要控制项目有外观检验、OBD 检查、排气污染物检验。其中，柴油车注册登记及定期排放检验为车主应进行的事项，对符合免检规定的车辆可按免检规定进行。

在用柴油车标准检验项目

检验项目	新生产汽车下线	进口车入境	注册登记[1]	在用柴油车[1]
外观检验（含污染控制装置和随车清单核查）	进行	进行	进行	进行[2]
车载诊断系统（OBD）检查	进行	进行	进行	进行[3]
排气污染物检验	抽测[4]	抽测[4]	进行	进行[5]

[1] 符合免检规定的车辆，按照免检相关规定进行。

[2] 查验污染物控制装置是否完好。

[3] 适用于装有 OBD 的车辆。

[4] 混合动力电动汽车的污染物排放抽测应在最大燃油消耗模式下进行。

[5] 变更登记、转移登记检验按有关规定进行。

2. 外观检验怎么做?

在新车下线和注册登记环节，外观检验应重点检查车辆污染物控制装置与环保信息随车清单内容是否相符。检验内容包括：

- 发动机排气管外观；
- 排气消声器外观；
- 排气后处理装置外观；
- 安装紧固部位外观；
- 发动机启动时是否存在烧机油或者冒黑烟现象；
- 车辆是否配置 OBD 系统；
- 是否适合进行加载减速工况法检测。

变更登记、转移登记检验时，应至少查验车辆污染物控制装置是否完好。

3. 在用柴油车标准的污染物排放检测方法和排放限值是什么？

在用柴油车标准的污染物排放检测方法主要包括自由加速法及加载减速法两种。对于道路上行驶的在用柴油车，县级以上生态环境主管部门可采用遥感检测法进行监督抽测。控制的污染物项目是烟度和氮氧化物，烟度可通过光吸收系数和林格曼黑度两种方法评价。

在用柴油车排放限值

类别	自由加速法	加载减速法		林格曼黑度法
	光吸收系数（m^{-1}）或不透光度（%）	光吸收系数[1]（m^{-1}）或不透光度（%）	氮氧化物[2]（10^{-6}）	林格曼黑度（级）
限值 a	1.2（40）	1.2（40）	1 500	1
限值 b	0.7（26）	0.7（26）	900	

[1] 海拔高度高于 1 500 m 的地区加载减速法限值可以按照每增加 1 000 m 增加 0.25 m^{-1} 幅度调整，总调整不得超过 0.75 m^{-1}；

[2] 2020 年 7 月 1 日前限值 b 过渡限值为 1 200×10^{-6}。

4. 什么是自由加速法？

自由加速法烟度检测主要模拟了驾驶员急加速过程中的车辆排放性能。柴油车加速过程中，通常涡轮增压器的响应滞后，空气量的增加速度小于燃油增加速度，空燃比下降，混合气混合、雾化和燃烧恶化，导致加速过程中排气烟度增加。自由加速工况下的排气烟度是柴油机工作过程中可见的最大烟度，特别是增压发动机，因此，自由加速法在一定程度上能反映出柴油机混合气的形成和燃烧状况，被世界各国广泛用于在用柴油车的烟度检测。

该方法使用不透光烟度计对汽车排气进行检测。在检测开始前，车辆应充分预热，在每个自由加速循环的开始点均处于怠速状态，将油门踏板放开后至少等待10 s。在进行自由加速法检测时，必须在1 s 内，将油门踏板快速但不猛烈、连续地、完全地踩到底，使供油系统在最短时间内供给最大油量。

在松开油门踏板前，发动机必须达到断油点转速。对带自动变速箱的车辆，则应达到制造厂申明的转速（如果没有该数据值，则应达到断油转速的 2/3）。关于这一点，在测量过程中必须进行检查，例如，通过监测发动机转速，或延长油门踏到底后与松开油门前的间隔时间，对于重型汽车，该间隔时间应至少为 2 s。

计算结果取最后三次自由加速法检测结果的算术平均值，在计算平均值时可以忽略与测量平均值相差太大的测量值。

5. 什么是加载减速法?

柴油货车往往满载甚至违法超载运行，此时柴油车的功率输出达到极限状况，排放更为恶劣。加载减速工况法（即 LugDown 法）针对这种情况，利用底盘测功机模拟车辆高负荷运行工况，评估柴油车实际运行时的排放情况。

测量时，将车况正常的车辆放置在底盘测功机转鼓上，通过底盘测功机加载模拟车辆在道路上的高负荷运行工况，测量车辆的最大轮边功率，然后将车辆运行工况稳定在最大轮边功率对应的转鼓线速度（VelMaxHP）值的 100%和 80%两个工况点，分别测量其排气光吸收系数和氮氧化物浓度。

加载减速法排放测试

6. 什么是遥感检测法?

遥感检测法是利用设备光源系统发出一束光，穿透尾气烟羽，照射到另一侧的反射镜上，光束反射回接收器。根据反射回来的光强，可以计算出各种污染物与二氧化碳的相对比例，进而计算出各污染物的排放浓度。可测量一氧化碳、一氧化氮、碳氢化合物等。

遥感检测可以识别出由于尾气后处理装置失效或故障引起的高排放问题，对现有的汽车尾气年检提供有益的支持和补充，也能够支撑生态环境主管部门开展路检路查工作。世界上很多国家和地区利用遥感检测方法对高排放车辆进行识别，我国也不例外。

垂直式遥感测试方法

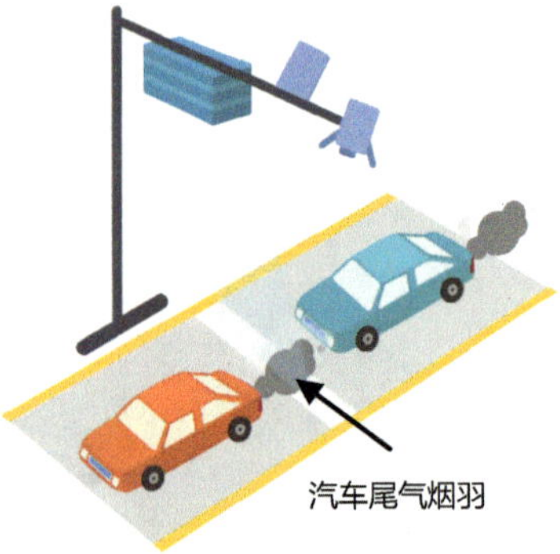

水平式遥感测试方法

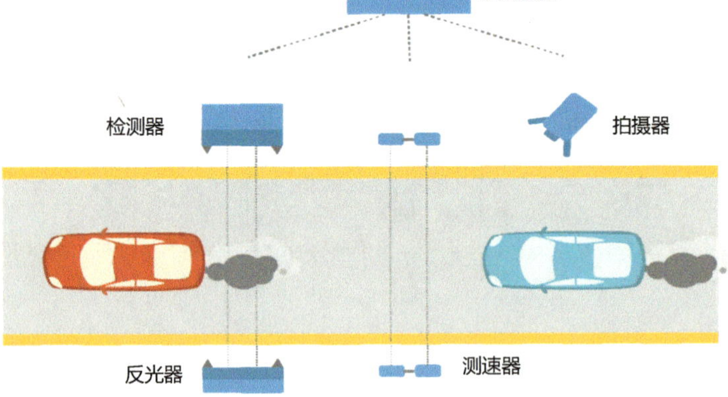

7. 什么是林格曼黑度法?

林格曼黑度法是路检路查时常用的一种检查方法，就是用视觉方法对烟气黑度进行评价。烟气黑度共分为六级，分别是：0、1、2、3、4、5 级，5 级为污染最严重的级别。常用的设备有：林格曼烟气黑度图等。检测时操作人员按照自由加速法，在车辆未熄火、空挡、拉紧手刹的情况下，在 1 s 的时间内，将油门踏板连续快速踩到底，使供油系统在最短时间内达到最大供油量。观测人员把林格曼烟气黑度图放在适当的位置，将柴油车排气的烟度与图上的黑度进行比较，确定柴油车排气烟羽的黑度。

标准的林格曼烟气黑度图通过在白色背景上按确定宽度的黑色线条和间隔的矩形网格来准确印制。每张图片中，网格所占的面积是14 cm×21 cm，每个小格长10 mm，宽10 mm。每张图片上的网格由294个小格组成。林格曼黑度是根据黑色条格占整块面积的百分数来确定的。

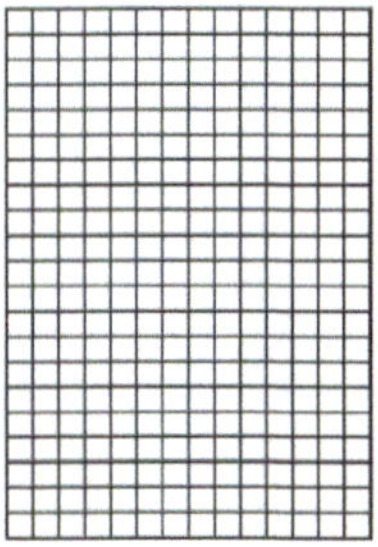

林格曼 1 级
（黑色线条面积占总面积的 20%）

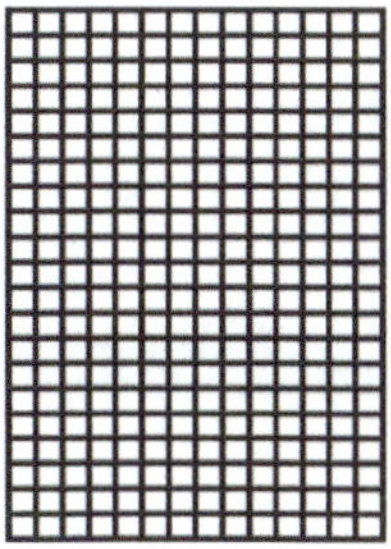

林格曼 2 级
（黑色线条面积占总面积的 40%）

林格曼 3 级
（黑色线条面积占总面积的 60%）

林格曼 4 级
（黑色线条面积占总面积的 80%）

林格曼烟气黑度示意图

8. 什么是路检路查?

路检路查是为严厉打击超标排放等违法行为，由生态环境、公安交管、交通运输等部门联合执法的一种工作机制。采取“生态环境部门负责检测取证、公安交管部门负责依法处罚、交通运输部门负责监督维修”的联合监管执法模式，重点检查柴油货车污染控制装置、OBD、尾气排放达标情况，具备条件的可抽查柴油和车用尿素质量及使用情况。

第六章
新生产摩托车排放标准介绍

1. 现行的新生产摩托车排放标准有哪些?

现行有效的新生产摩托车和轻便摩托车污染物排放标准有4项，其中有2项新生产车排放标准，2项同时涵盖新车和在用车的排放标准。

车类型	新生产车排放标准	同时涵盖新车和在用车的排放标准
摩托车 	《摩托车污染物排放限值及测量方法（中国第四阶段）》（GB 14622—2016）	《摩托车和轻便摩托车排气污染物排放限值及测量方法（双怠速法）》（GB 14621—2011） 《摩托车和轻便摩托车排气烟度排放限值及测量方法》（GB 19758—2005） （摩托车烟度标准的控制目标主要是两冲程摩托车，目前这种车型已越来越少）
 轻便摩托车	《轻便摩托车污染物排放限值及测量方法（中国第四阶段）》（GB 18176—2016）	

2. 摩托车污染物排放控制历经几个阶段？

回顾我国摩托车排放的控制历程，从 1985 年开始对摩托车怠速排放进行控制，标准历经多次更新，现在已经到摩托车排放标准的第四阶段。污染物排放的测量方法也从最初的怠速排放测量，增加了工况法排放测量、燃油蒸发污染物排放测量、污染控制装置耐久性试验要求等，试验内容不断扩展，试验方法更加严格，排放限值逐步降低，促进了排放控制技术的不断进步。

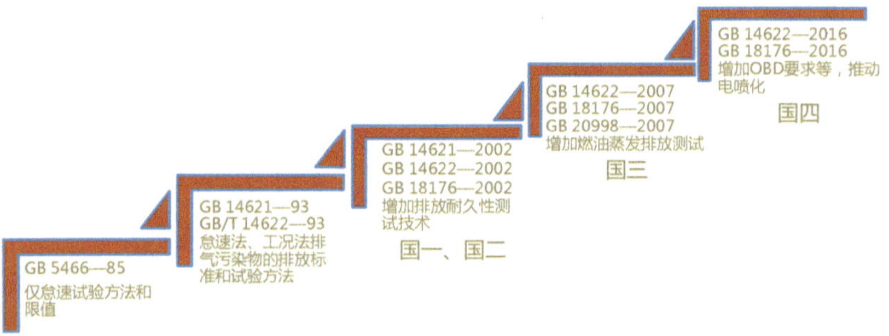

摩托车排放控制阶梯图

3. 摩托车排放标准实施以来污染物排放限值降低了多少?

我国摩托车排放标准大约每隔 5 年升级一次。近 20 年来，从国一至国四，以排气污染物为例，CO 限值下降了 91.2%，HC 限值下降了 87.3%，NO_x 限值下降了 76.7%（见下图）。通过排放标准的限值加严，极大降低了摩托车对大气环境的污染。

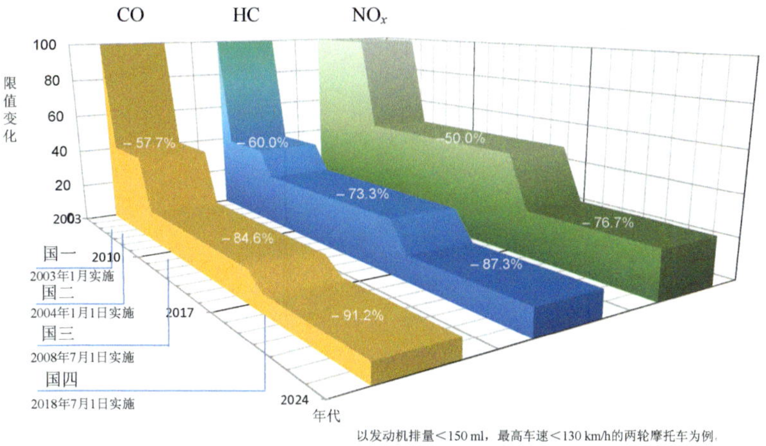

摩托车排放限值变化图

4. 摩托车排气污染物如何测量?

摩托车和轻便摩托车排气污染物排放试验采用工况法进行测量，两轮摩托车采用全球统一技术法规《装用点燃式或压燃式发动机的摩托车的气体排放污染物、CO_2 排放物以及发动机燃油消耗的测量程序》（GTR NO.2）所规定的 WMTC 试验循环；三轮摩托车采用 ECE R40 的 15 工况试验循环；轻便摩托车采用 ECE R47 的试验循环。

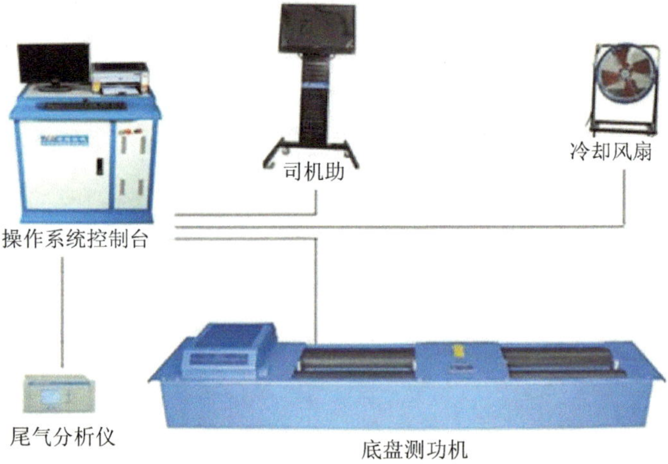

工况法排放试验

5. 摩托车排气污染物限值是多少?

国四标准中，规定了摩托车和轻便摩托车工况法排放限值，车辆类型不同，排放限值也不同。

摩托车Ⅰ型试验排放限值

车辆类型	车辆分类	排放限值/（mg/km）				
		CO	HC	NO_x	$HC+NO_x$	PM
两轮摩托车	Ⅰ，Ⅱ	1 140	380	70	—	—
	Ⅲ	1 140	170	90	—	—
三轮摩托车	点燃式发动机	2 000	550	250	—	—
	压燃式发动机	740	—	390	460	60

轻便摩托车Ⅰ型试验排放限值

车辆类型	排放限值/（mg/km）		
	CO	HC	NO_x
两轮轻便摩托车	1 000	630	170
三轮轻便摩托车	1 900	730	170

6. 摩托车蒸发污染物排放控制要求是什么?

蒸发污染物指从燃料（汽油）系统损失的碳氢化合物蒸气，摩托车和轻便摩托车蒸发污染物排放量应不超过 2.0 g/试验。蒸发污染物采用密闭室法（SHED）进行测量，目前世界上各个国家的试验方法基本相同。

密闭室

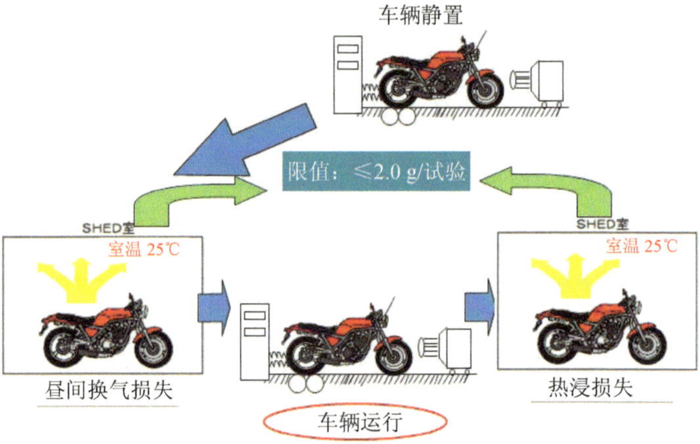

SHED 测量燃油蒸发流程

第七章 在用摩托车排放标准介绍

1. 在用摩托车排放标准是哪项?

为贯彻《中华人民共和国环境保护法》和《中华人民共和国大气污染防治法》，防止污染，保护和改善生态环境，保护人体健康，2011 年 5 月 12 日，环境保护部和国家质量技术监督局发布《摩托车和轻便摩托车排气污染物排放限值及测量方法（双怠速法）》（GB 14621—2011）。该标准规定了摩托车、轻便摩托车怠速工况和高怠速工况下排气污染物的排放限值及测量方法。该标准适用于装用点燃式发动机的摩托车和轻便摩托车的型式核准、生产一致性检查和在用车的排气污染物检查。

2. 在用摩托车污染物排放的测量方法是什么?

对装用点燃式发动机的摩托车和轻便摩托车采用双怠速排放试验方法测量怠速状态下的污染物排放。

发动机从怠速状态加速至70%的发动机最大净功率转速，运转10 s 后降至高怠速状态。维持高怠速工况，将取样探头插入排气管接管，保证插入深度不少于400 mm，维持15 s 后，由具有平均值功能的仪器读取30 s 内的平均值，或者人工读取30 s 内的最高值和最低值，其平均值即为高怠速污染物测量结果。

发动机从高怠速降至怠速状态，维持 15 s 后，由具有平均值功能的仪器读取 30 s 内的平均值，或者人工读取 30 s 内的最高值和最低值，其平均值即为怠速污染物测量结果。

3. 在用摩托车污染物排放限值要求有哪些?

在用摩托车和轻便摩托车污染物排放应符合下表的规定。

双怠速法在用车排放限值

<table>
<tr><th rowspan="3">实施要求和日期</th><th colspan="4">工　况</th></tr>
<tr><th colspan="2">怠速工况</th><th colspan="2">高怠速工况</th></tr>
<tr><th>CO/%</th><th>$HC/10^{-6}$</th><th>CO/%</th><th>$HC/10^{-6}$</th></tr>
<tr><td>2003 年 7 月 1 日前生产的摩托车和轻便摩托车（二冲程）</td><td>4.5</td><td>8 000</td><td>—</td><td>—</td></tr>
<tr><td>2003 年 7 月 1 日前生产的摩托车和轻便摩托车（四冲程）</td><td>4.5</td><td>2 200</td><td>—</td><td>—</td></tr>
<tr><td>2003 年 7 月 1 日起生产的摩托车和轻便摩托车（二冲程）</td><td>4.5</td><td>4 500</td><td>—</td><td>—</td></tr>
<tr><td>2003 年 7 月 1 日起生产的摩托车和轻便摩托车（四冲程）</td><td>4.5</td><td>1 200</td><td>—</td><td>—</td></tr>
<tr><td>2010 年 7 月 1 日起生产的两轮摩托车和两轮轻便摩托车</td><td rowspan="2">3.0</td><td rowspan="2">400</td><td rowspan="2">3.0</td><td rowspan="2">400</td></tr>
<tr><td>2011 年 7 月 1 日起生产的三轮摩托车和三轮轻便摩托车</td></tr>
</table>

注 1：污染物含量为体积分数。

注 2：HC 体积分数值按正己烷当量计。

4. 在用摩托车污染物排放标准如何实施？

在用车检验机构按照《检验检测机构资质认定管理办法》（国家质检总局令 第163号）、《检验检测机构资质认定能力评价 检验检测机构通用要求》（RB/T 214—2017）、《检验检测机构资质认定能力评价 机动车检验机构要求》（RB/T 218—2017）和在用车污染物排放标准要求获得具有相关检验能力的资质认定证书，开展摩托车污染物排放定期检验，并将污染物排放检验结果上传生态环境部门。环保检验合格后，方可进行摩托车安全技术检验。

在用摩托车排放检验车间

第八章 新生产非道路移动机械排放标准介绍

1. 非道路移动机械污染物排放适用标准有哪些?

我国非道路移动机械根据所用发动机的不同，适用不同的排放标准，柴油机械适用《非道路移动机械用柴油机排气污染物排放限值及测量方法（中国第三、四阶段）》（GB 20891—2014），小型汽油机械适用《非道路移动机械用小型点燃式发动机排气污染物排放限值与测量方法（中国第一、二阶段）》（GB 26133—2010）。

2. 非道路柴油机排气污染物测量方法有哪些?

我国非道路柴油机污染物排放测量在发动机台架上进行，依据发动机不同用途，分别采用不同的测试工况，包括五工况、六工况和八工况三种稳态测试循环。对于额定功率在 560 kW 以下且在非恒定转速下工作的柴油机，第四阶段排放标准还增加了瞬态测试循环，采用全球统一非道路测试工况（NRTC）进行测试。

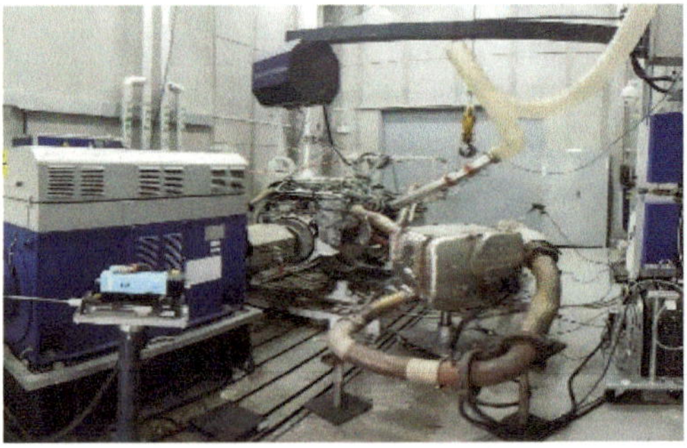

3. 非道路移动机械用柴油机应满足什么限值?

当前非道路移动机械用柴油机在进行型式检验时需满足第三阶段排放限值，第四阶段排放限值将在 2022 年 12 月 1 日开始实施。

阶段	额定功率 P_{max}/kW	CO/[g/(kW·h)]	HC/[g/(kW·h)]	NO_x/[g/(kW·h)]	HC+NO_x/[g/(kW·h)]	PM/[g/(kW·h)]
第三阶段	$P_{max}>560$	3.5	—	—	6.4	0.20
	$130\leqslant P_{max}\leqslant 560$	3.5	—	—	4.0	0.20
	$75\leqslant P_{max}<130$	5.0	—	—	4.0	0.30
	$37\leqslant P_{max}<75$	5.0	—	—	4.7	0.40
	$P_{max}<37$	5.5	—	—	7.5	0.60
第四阶段[b]	$P_{max}>560$	3.5	0.40	3.5，0.67[a]	—	0.10
	$130\leqslant P_{max}\leqslant 560$	3.5	0.19	2.0	—	0.025
	$75\leqslant P_{max}<130$	5.0	0.19	3.3	—	0.025
	$56\leqslant P_{max}<75$	5.0	0.19	3.3	—	0.025
	$37\leqslant P_{max}<56$	5.0	—	—	4.7	0.025
	$P_{max}<37$	5.5	—	—	7.5	0.60

[a] 适用于可移动式发电机组用 $P_{max}>900$ 的柴油机。

[b] 第四阶段对于使用反应剂的发动机增加 NH_3 排放限值 25×10^{-6}，对于 $P_{max}\geqslant 37$ kW 且 ≤ 560 kW 的发动机提出 PN 限值 5×10^{12} 个/（kW·h）。

4. 非道路柴油移动机械排放标准都有哪些新的修订？

2020 年 12 月 28 日，生态环境部与国家市场监督管理总局联合发布了《非道路移动机械用柴油机排气污染物排放限值及测量方法（中国第三、四阶段）》（GB 20891—2014）修改单，并发布了其配套技术规范《非道路柴油移动机械污染物排放控制技术要求》（HJ 1014—2020），详细规定了第四阶段测试循环及相关技术要求。

第四阶段引入瞬态测试循环和非标准测试循环，提出 NO_x 排放控制诊断系统、颗粒物排放控制诊断系统要求，以加强对非道路移动机械排放控制系统的故障监控。标准还规定了使用便携式排放测试系统（PEMS）的排放测试方法，可用于生产一致性及在用符合性的企业自查与生态环境主管部门抽查。

5. 第四阶段标准是否适用于三轮汽车？

为推进三轮车行业技术升级，同时考虑三轮汽车与非道路农业机械发动机通用的实际情况，本着减轻企业研发和试验负担的原则，生态环境部将三轮汽车纳入非道路移动机械第四阶段标准进行统一管理。

6. 颗粒物粒子数量限值是什么？

为解决非道路移动机械冒黑烟的问题，新增颗粒物粒子数量（PN）限值，规定其排放必须小于等于 5×10^{12} 个/（kW·h），通用技术手段为加装柴油机颗粒捕集器（DPF）。标准不对技术路线进行规定，鼓励企业使用更高效的污染物排放控制技术。

7. 整机排放要求是如何规定的?

第四阶段非道路移动机械排放标准新增车载法整机测试要求，对额定功率在37 kW 以上机械实际使用过程的污染物排放使用便携式排放测试系统（PEMS）进行测量，规定90%以上有效功基窗口的CO 和 NO_x 的比排放量不应超过相应功率段限值的2.5倍。

第九章 在用非道路柴油机械排放标准介绍

1. 在用非道路柴油机械排放标准有哪些？

在用非道路柴油机械标准当前只对压燃式，也就是柴油机械提出要求，依据《非道路柴油移动机械排气烟度限值及测量方法》（GB 36886—2018）进行在用非道路柴油机械的排气烟度检验。

2. 在用非道路柴油机械烟度测量工况是什么？

在用非道路柴油机械的烟度测试使用不透光烟度法和林格曼烟度法。其中，不透光烟度法采用自由加载法和自由加速法（在机械不具备加载条件时使用）进行测试。林格曼烟度法是在机械连续作业过程中，使用视频、摄像或执法记录仪获取烟度测试结果，将观测到的林格曼烟度最大值定为最终测试结果。

3. 为什么要规定Ⅲ类限值？如何应用？

标准中Ⅲ类限值的主要目的是服务于非道路机械低排放控制区管理需求。为支撑在低排放控制区内进一步强化非道路移动机械污染物排放管控，限制老旧、高排放移动机械的使用并促进淘汰，需对非道路柴油移动机械进行分类管理，提出可选用的、更严格的排放控制要求。GB 36886—2018 标准在制订过程中，以北京市工程机械柴油机烟度普测数据为基础，借鉴北京、深圳、上海、天津等城市已提出的在用非道路柴油移动机械排气烟度控制要求，结合美国、日本等国家在用非道路柴油移动机械排气烟度限值，针对在低排放控制区内使用的机械提出了III类限值要求。

地方生态环境主管部门可以根据大气环境质量状况，划定并公布禁止使用高排放非道路柴油机械的区域，限定区域内可选择执行非道路柴油机械烟度排放的III类限值。

4. 在用非道路柴油移动机械排放限值是多少?

根据机械出厂时执行的排放标准阶段，《非道路柴油移动机械排气烟度限值及测量方法》规定了Ⅰ、Ⅱ、III类排气烟度（光吸收系数）限值（见下表）。同时，各类机械的林格曼黑度等级不超过Ⅰ级，林格曼烟度合格的机械还可继续进行不透光烟度测试，光吸收系数超标仍可判定不合格。

限值类别	额定净功率（P_{max}）/kW	光吸收系数/m^{-1}	适用机械
Ⅰ类	$P_{max}<19$	3.00	满足 GB 20891 第二阶段及以前阶段排放标准的机械
	$19\leqslant P_{max}<37$	2.00	
	$37\leqslant P_{max}\leqslant 560$	1.61	
Ⅱ类	$P_{max}<19$	2.00	满足 GB 20891 第三阶段及以后阶段标准的机械
	$19\leqslant P_{max}<37$	1.00	
	$P_{max}\geqslant 37$	0.80	
III类	$P_{max}\geqslant 37$	0.50	在城市人民政府划定的禁止使用高排放非道路移动柴油机械的区域内的作业机械
	$P_{max}<37$	0.80	

第十章 新生产船舶排放标准介绍

1. GB 15097—2016 适用于哪些船舶?

2016 年，环境保护部和国家质量监督检验检疫总局联合发布了《船舶发动机排气污染物排放限值及测量方法（中国第一、二阶段）》（GB 15097—2016）。该标准适用于内河船、沿海船、江海直达船、海峡（渡）船和渔业船舶装用的额定净功率大于 37 kW 的第 1 类和第 2 类船机（包括主机和辅机）。对于单缸排量大于或等于 30L 的第 3 类船机（属于低速船机），由于其主要用于远洋船舶，则不适用于本标准。我国作为国际海事组织（IMO）《防止船舶造成污染国际公约》（简称 MARPOL 73/78 公约）的缔约国，对于远洋运输船舶执行 MARPOL 公约的规定。

2. 船舶标准控制哪些污染物项目?

排放标准中分别规定了颗粒物（PM）、氮氧化物（NO_x）、碳氢化合物（HC）和一氧化碳（CO）的排放限值。

对二氧化硫（SO_2）的控制是通过控制船舶使用的燃料来实现的。

- 第 1 类船机：额定净功率大于或等于 37 kW 并且单缸排量小于 5 L，这类船机属于高速船机，主要用于内河
- 第 2 类船机：单缸排量大于或等于 5 L 且小于 30 L，这类船机属于中速船机，多用于沿海船舶

3. 船舶排放标准采用什么测试方法?

船用发动机的排放测试在发动机测功机台架上进行，根据各种船用主机或辅机工作特性的不同，标准规定了不同的试验循环，包括四工况、五工况、八工况等五种。试验过程中，每个工况的转速必须保持稳定，测量颗粒物排放量时，为了在测量滤纸上获得足够的颗粒物质量，可以适当延长试验工况时间，并在每个工况的最后 3 min 测量气态污染物浓度值。

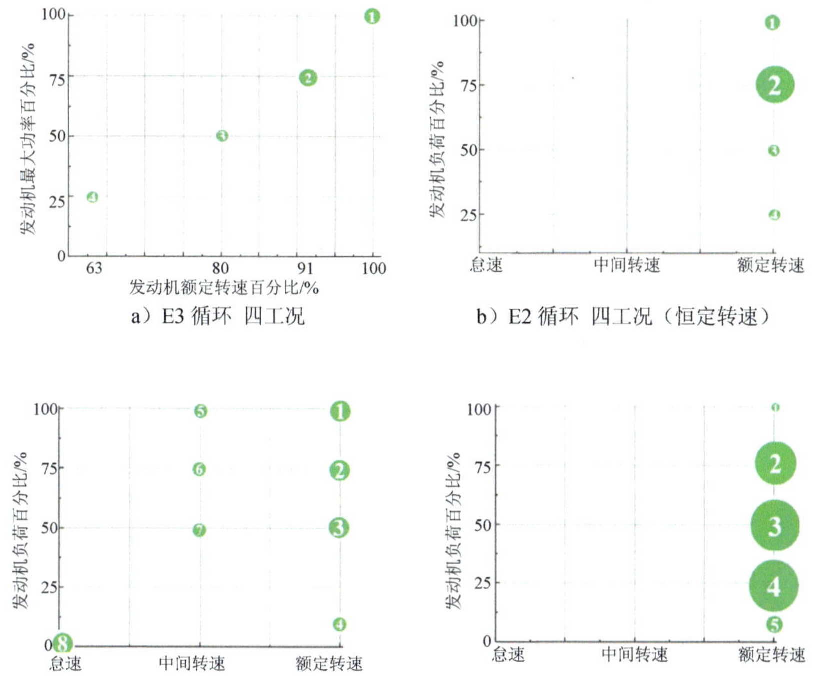

a）E3 循环 四工况

b）E2 循环 四工况（恒定转速）

c）C1 循环 八工况

d）D2 循环 五工况

船舶发动机测试循环

4. 排放标准规定的限值是多少？

船舶排放标准规定了两个阶段的排放限值。第一阶段排放控制水平相当于非道路柴油移动机械发动机第二阶段（2009 年 10 月 1 日实施）的排放控制水平。第二阶段比第一阶段的限值，$HC+NO_x$ 总体加严了 20%以上，PM 加严了 40%，相当于车用发动机第三阶段（2007 年 1 月 1 日实施）的排放控制水平。

船机排气污染物第一阶段排放限值

船机类型	单缸排量（SV）/（L/缸）	额定净功率（P）/kW	CO/[g/(kW·h)]	$HC+NO_x$/[g/(kW·h)]	CH_4[1]/[g/(kW·h)]	PM/[g/(kW·h)]
第 1 类	$SV<0.9$	$P\geqslant37$	5.0	7.5	1.5	0.40
	$0.9\leqslant SV<1.2$		5.0	7.2	1.5	0.30
	$1.2\leqslant SV<5$		5.0	7.2	1.5	0.20
第 2 类	$5\leqslant SV<15$		5.0	7.8	1.5	0.27
	$15\leqslant SV<20$	$P<3\ 300$	5.0	8.7	1.6	0.50
		$P\geqslant3\ 300$	5.0	9.8	1.8	0.50
	$20\leqslant SV<25$		5.0	9.8	1.8	0.50
	$25\leqslant SV<30$		5.0	11.0	2.0	0.50

[1] 仅适用于 NG（含双燃料）船机。

船机排气污染物第二阶段排放限值

船机类型	单缸排量（*SV*）/（L/缸）	额定净功率（*P*）/kW	CO/[g/(kW·h)]	HC+NO_x/[g/(kW·h)]	CH_4[1]/[g/(kW·h)]	PM/[g/(kW·h)]
第 1 类	*SV*<0.9	P≥37	5.0	5.8	1.0	0.30
	0.9≤*SV*<1.2		5.0	5.8	1.0	0.14
	1.2≤*SV*<5		5.0	5.8	1.0	0.12
第 2 类	5≤*SV*<15	*P*<2 000	5.0	6.2	1.2	0.14
		2 000≤*P*<3 700	5.0	7.8	1.5	0.14
		P≥3 700	5.0	7.8	1.5	0.27
	15≤*SV*<20	*P*<2 000	5.0	7.0	1.5	0.34
		2 000≤*P*<3 300	5.0	8.7	1.6	0.50
		P≥3 300	5.0	9.8	1.8	0.50
	20≤*SV*<25	*P*<2 000	5.0	9.8	1.8	0.27
		P≥2 000	5.0	9.8	1.8	0.50
	25≤*SV*<30	*P*<2 000	5.0	11.0	2.0	0.27
		P≥2 000	5.0	11.0	2.0	0.50

[1] 仅适用于 NG（含双燃料）船机。

5. 与国际同类标准比较还有多大差距?

以美国国家环境保护局（EPA）和欧盟为代表的各国船舶标准，阶段性的限值要求基本一致。我国的第一阶段标准相当于欧盟第一阶段和美国第二阶段，我国的第二阶段相当于美国的第三阶段。从标准的实施时间上看，我国和欧美有 8～10 年的差距（见下图）。

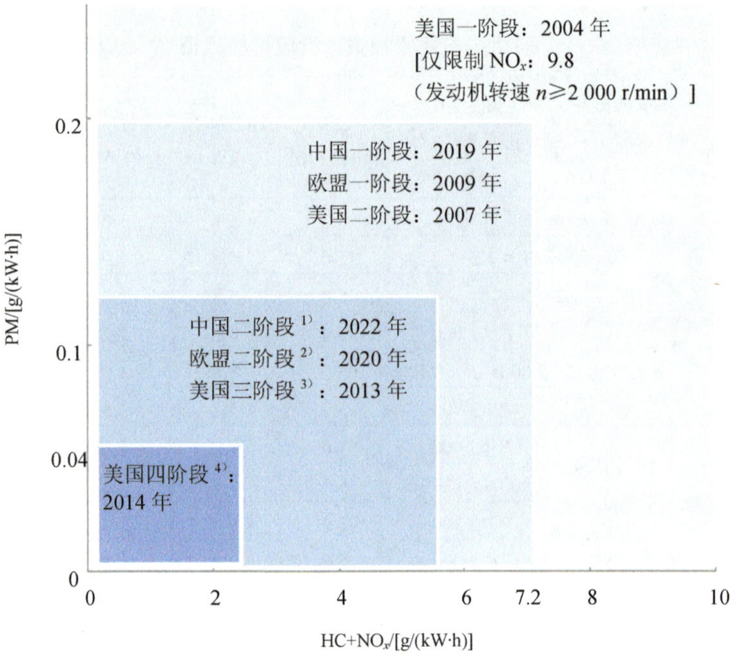

注：

[1] 采用 2.5 L＜V_h＜5 L 的船机限值，HC+NO$_x$：5.8；PM：0.12；

[2] 采用 75 kW＜P＜130 kW 的船机限值，HC+NO$_x$：5.4；PM：0.14；

[3] 采用 3.5 L＜V_h＜7 L 且 75 kW＜P＜3 700 kW 的船机限值，HC+NO$_x$：5.8；PM：0.11；

[4] 采用 2 000 kW≤P＜3 700 kW 的船机限值，HC：0.19；NO$_x$：1.8；PM：0.04。

国际船舶标准排放限值和实施日期比较图

第十一章 移动源噪声标准介绍

1. 我国移动源噪声标准的历史有多长?

世界各国一直以来通过制定各种标准、法规等措施降低和控制环境噪声带来的危害，为移动源设定相应的最大噪声限值标准，是这一系列措施中的重要一环。

我国移动源噪声标准最早出现在 1979 年，是《机动车辆允许噪声》（GB 1495—79），该标准规定了载重车、越野车、公共汽车、小客车、摩托车及轮式拖拉机等移动源加速行驶时的噪声限值。在后续的发展过程中，以上标准细分为汽车噪声标准、摩托车噪声标准、三轮汽车噪声标准等（见下图）。同时，针对汽车及船舶用发动机单体、非道路移动机械等，移动源噪声标准也逐步发展完善。

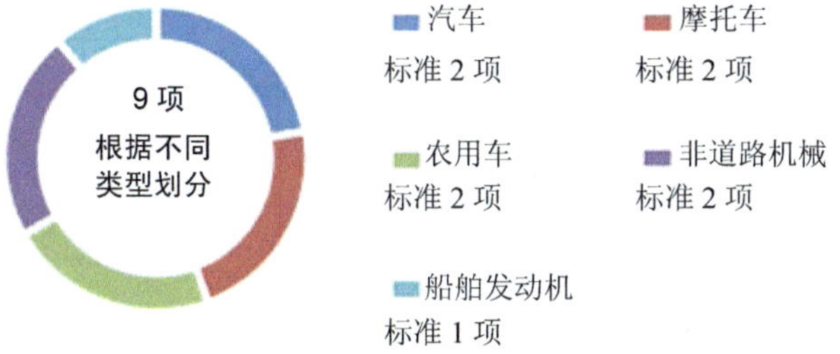

移动源噪声标准

2. 现行的移动源噪声标准有哪些?

我国已经形成一套相对完整的移动源噪声标准体系，涵盖汽车、摩托车、三轮汽车、非道路移动机械和发动机等。目前，移动源噪声标准规定的测试方法有加速行驶噪声法和定置噪声法两种。

移动源噪声标准

分类	序号	标准名称	标准编号
汽车	1	汽车加速行驶车外噪声限值及测量方法	GB 1495—2002
	2	汽车定置噪声限值	GB 16170—1996
摩托车	3	摩托车和轻便摩托车　加速行驶噪声限值及测量方法	GB 16169—2005
	4	摩托车和轻便摩托车　定置噪声限值及测量方法	GB 4569—2005
三轮汽车	5	三轮汽车和低速货车加速行驶车外噪声限值及测量方法（中国Ⅰ、Ⅱ阶段）	GB 19757—2005
	6	农用运输车　噪声限值	GB 18321—2001
非道路移动机械	7	土方机械　噪声限值	GB 16710—2010
	8	全地形车加速行驶噪声限值及测量方法	GB 24929—2010
船舶发动机	9	船用柴油机辐射的空气噪声限值	GB 11871—2009

3. 移动源噪声用什么设备测量？

移动源噪声限值指标采用声压级（sound pressure level，SPL）来表征，通常采用声级计直接测量。声级计一般由电容式传声器、前置放大器、衰减器、放大器、频率计权网络等组成。为更好反映人耳对噪声，尤其是对敏感频域上噪声的主观感受，移动源的声压级的计权方法均采用 A 计权方法，并使用最大 A 计权声级作为噪声测量结果，评价移动源的噪声水平。

4. 在用车为什么要测量定置噪声？

由于降噪系统的老化、消声器的腐蚀及非法改装等原因，汽车在实际使用过程中，可能出现降噪能力大幅衰退或改变，导致严重的噪声污染，尤其是非法改装可能导致移动源噪声 15 dB（A）或以上的增加，因此对在用车进行定置噪声测量，能够了解消声器是否处于正常使用状况。

5. 移动源的加速噪声测量有什么场地要求？

加速噪声限值及测量是移动源整体噪声水平评价的主要手段。为了确保其测量结果的可重复性及有效性，测试在符合特定声学特性的场地上进行，国内测量场地一般符合《声学　测量道路车辆噪声用试验路面的规定》（ISO 10844：1994）的相关规定，传声器布置在离地面高 1.2 m、距行驶中心线 7.5 m 处，模拟路边行人位置和听力感受，加速噪声测量场地及测量区的布置见下页示意图。

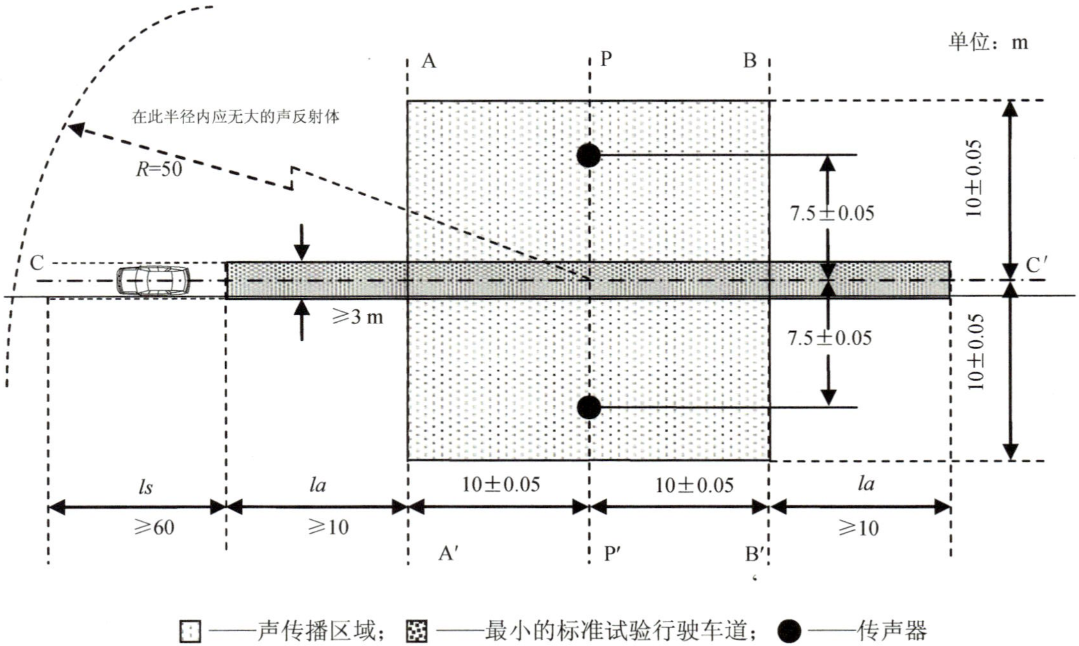

加速噪声测量场地及测量区的布置示意图

第四篇　排放控制技术篇

我国移动源排放控制工作起步较晚，但排放控制技术发展较快。汽车实施第六阶段排放标准，新生产汽车的单车污染物排放量较国一相比下降了 90%以上，环保技术水平跨越了欧洲 20 多年的发展历程。同时，机动车船技术水平全面提升，“温室气体”排放和油耗协同降低，机动车船的动力性、操作性等不断提高。我国机动车船制造行业从“国内价格竞争”过渡到“国际技术质量竞争”，自主品牌在关键零部件和整车研发及生产质量控制方面达到了世界先进水平。

排放控制装置正常运行是车辆环保达标的基本保障。移动源种类繁多，排放标准严格，排放控制技术比较复杂。为帮助读者快速了解相关知识，“排放控制技术篇”分为四章，浅显易懂地分别讲解了汽油车、柴油车和天然气车排放控制系统的构成和工作原理，并针对车载诊断系统和远程监控系统进行了专门的介绍。本篇第一章由伍晨波编写，第二章由朱红国编写，第三章由姜艳编写，第四章由祖雷编写。

第一章
汽油车排放控制技术

1. 汽油车排放有什么特点?

汽油车排放污染物主要来自尾气排放、曲轴箱排放以及燃油系统蒸发排放，排放污染物包括一氧化碳（CO）、碳氢化合物（HC）、甲烷（CH_4）、氮氧化物（NO_x）及颗粒物（PM）等。

汽油车排放控制更多关注 CO、HC 和 NO_x 的排放控制，这是因为汽油机的燃烧过程是由着火点向外扩散，火焰温度较高，会产生大量的 NO_x，同时在火焰传播过程中，遇到过浓或过稀的混合气，都会导致不完全燃烧，使得汽油机的 CO 和 HC 的排放也较高。相较于气体污染物，汽油机的颗粒物产生较少，主要是由于汽油较易挥发，且在燃烧开始前，有较长的混合时间，总体上缸内混合气更加均匀，避免了燃烧过程中大量颗粒物的产生。

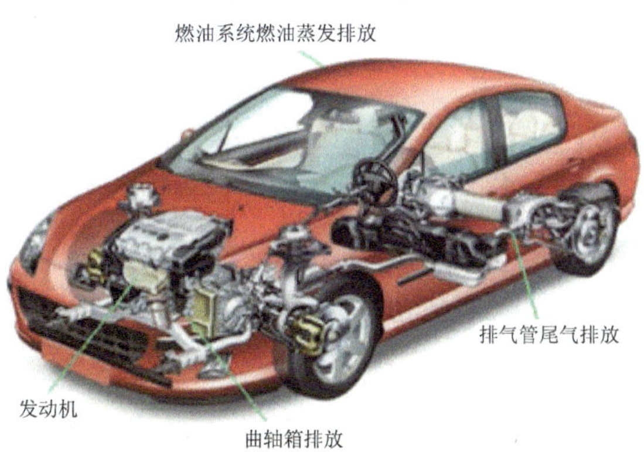

汽油车排放污染物的主要来源

2. 汽油车有哪些排放控制技术?

汽油车排放控制技术包含机内净化技术与机外净化技术。机内净化技术是指通过改善汽油机的燃烧过程，让源头上产生的污染物变少；而机外净化技术，也就是常说的排气后处理技术，重点关注发动机排出的废气，在进入大气之前通过一系列手段降低它们的浓度。

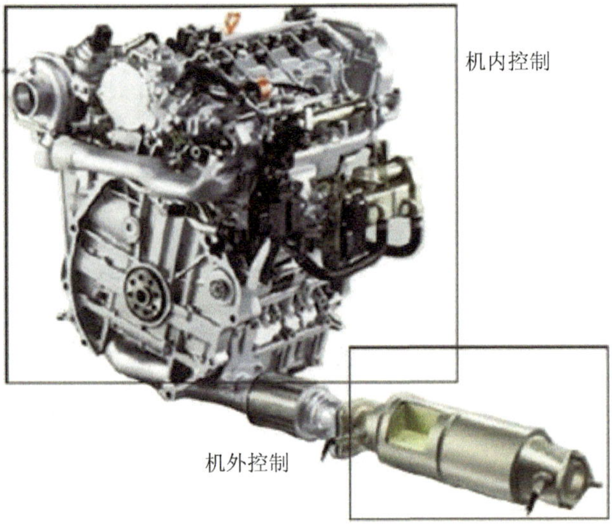

汽油机排放控制技术

除此之外，对于曲轴箱排放、燃油系统蒸发排放也需要开展针对性的控制，闭式曲轴箱通风技术和炭罐技术都已得到广泛的应用。

3. 汽油车排气污染物控制技术经历了怎样的发展历程?

随着排放法规的不断加严，汽油机的排放控制技术在不断地发展，不同阶段的排放控制技术应用如下图所示。

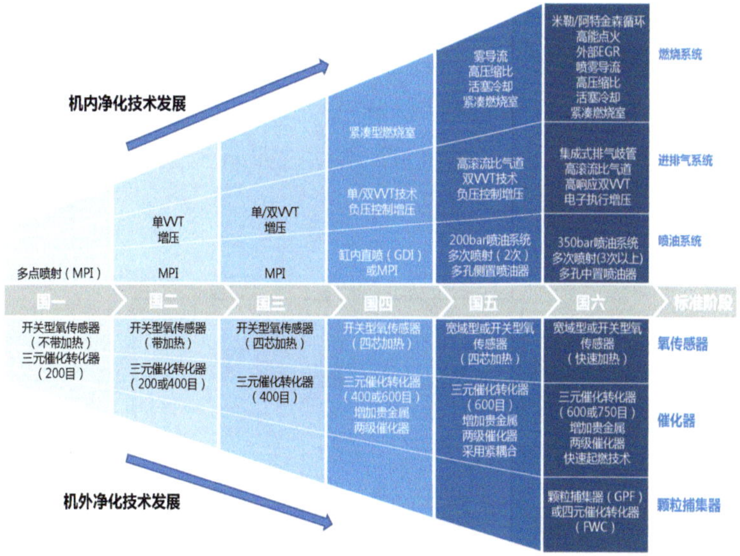

机内净化技术和后处理装置需要相互配合才能达到好的净化效果。例如，发动机除了实现自身净化外，还需兼顾排气温度管理，避免排气温度过低或过高，导致催化器无法正常工作甚至出现损坏；当 GPF 再生时，发动机需要通过控制燃烧过程，提高燃烧温度，使排气温度达到再生所需的温度条件。

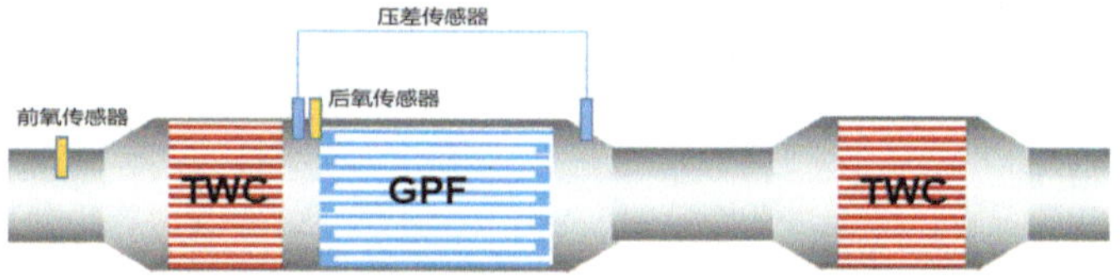

一个典型的国六阶段汽油车排放后处理系统示意图

4. 为什么汽油机要对空燃比进行控制?

我们将缸内燃烧的混合气中空气质量与燃油质量之比称为空燃比。控制空燃比的目的主要有两个方面，一方面为了能使汽油燃烧更加充分，减少机内生成的污染物；另一方面是为了让三元催化转化器工作在高效区间，进一步减少尾气排放。

汽油机通过氧传感器测量排气中氧气的浓度，计算得到实际的空燃比，结合测量得到的进气量，再通过控制燃油喷射量就可以实现对空燃比的闭环控制。

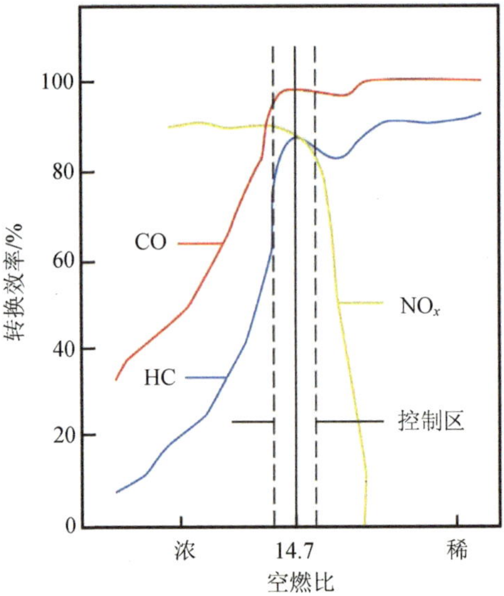

不同空燃比下排放污染物的转换效率

5. 缸内直喷技术有什么好处?

传统汽油机使用进气道喷射，油气混合气在进气道内形成，会形成壁面油膜，当发动机冷启动时，喷出的汽油无法快速蒸发，因此需要进行加浓，此时三元催化器未达到起燃温度，导致大量 HC 污染物排出。

汽油机缸内直喷技术（GDI）很好地解决了这个问题。缸内直喷是通过较高的压力直接将汽油喷入气缸中，借助缸内气流形成混合气进行燃烧。缸内直喷喷射压力高，雾化效果好，可以直接在缸内形成混合气，避免了壁面油膜的产生，解决了冷启动加浓的问题。此外，缸内直喷技术使得瞬态工况的空燃比控制更精确，提高动力响应的同时降低污染物的排放。

相比传统进气道喷射，缸内直喷技术具有热效率高、燃油经济性好、污染物排放低、瞬态工况响应好以及冷启动性能好等优点。

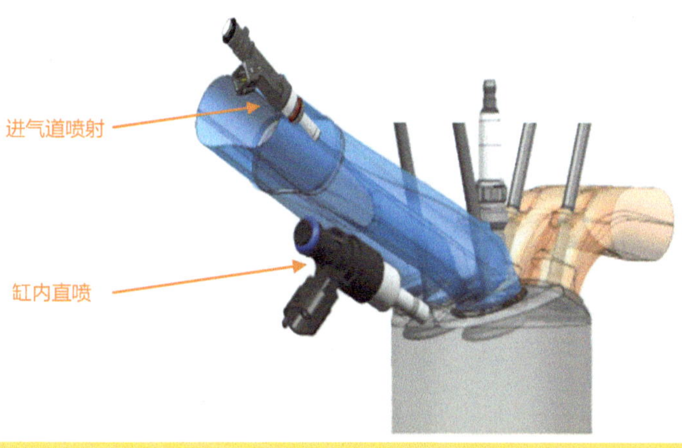

燃油喷射装置安装位置示意图

6. 可变气门技术的优点是什么?

可变气门技术主要用于调节发动机进气量，以适应不同转速和负荷的需求，保证在不同工况下优化燃烧过程，提高发动机的动力性和经济性，降低发动机的排放。同时，可变气门技术还具备改善发动机在怠速和低速下的稳定性的功能。可变气门技术有很多种类，常见的有可变进气歧管长度，可变进气道截面积、可变配气相位（也称可变气门正时）以及可变气门升程。

可变进气歧管长度

进气歧管内安装控制阀，通过它的打开和关闭，可以将进气歧管分为两段，从而改变它的有效长度，提高发动机在不同转速时的进气效率，从而提升动力性能。

可变进气道截面积

发动机在高转速时使用较大进气歧管截面积，提高进气流量；在低转速时使用较小进气歧管截面积，提高气缸进气负压，也能在气缸内充分形成涡流，让空气与汽油更好混合。

可变气门正时（VVT）

VVT 技术能够在车辆运行中对发动机配气相位进行调节，使其可以根据发动机转速和工况的不同而改变发动机的吸气和排气时间长度，从而在高、低转速下都能获得理想的进、排气效率。

可变气门升程（VVL）

VVL 技术不仅可以改变气门开启时间，还能改变气门大小，在高转速时，采用长行程来提高进气效率；在低转速时，采用短行程来产生更大的进气负压及涡流，让空气和燃油更充分混合以提高扭力输出。

7. 三元催化转化器结构是怎样的?

三元催化转化器（TWC）是汽油机必不可少的后处理装置，其结构由载体、催化剂涂层、隔热防震垫层、壳体和连接管组成，其中催化剂主要由贵金属铂（Pt）、铑（Rh）、钯（Pd）或其他非贵金属组成。

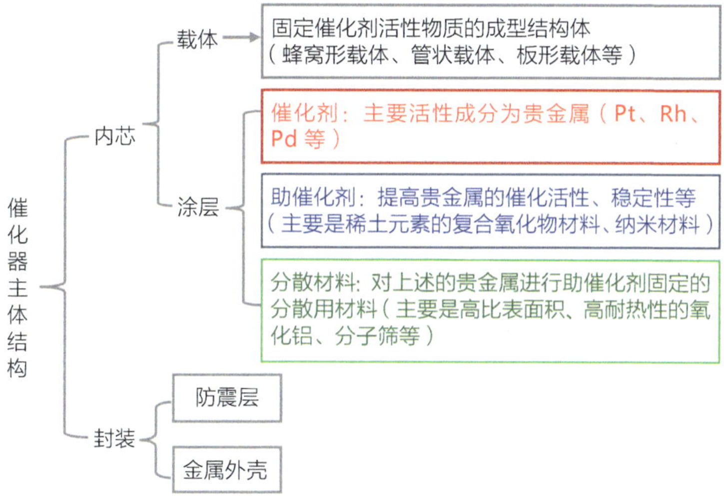

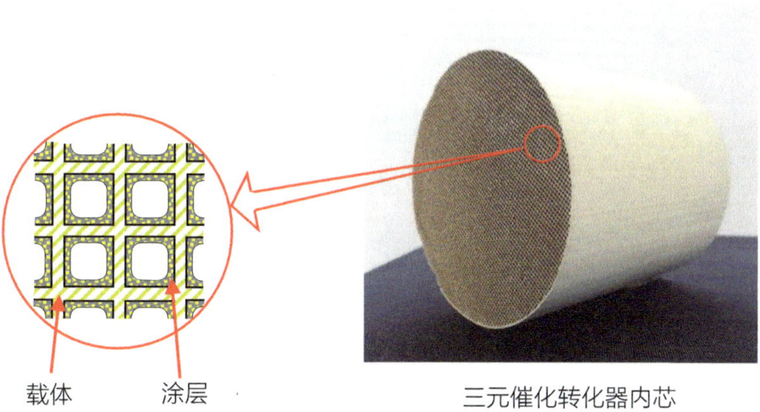

三元催化转化器内芯

8. 三元催化转化器是如何工作的?

在铂、铑、钯等催化剂的作用下，发动机排出的废气将在三元催化转化器中发生复杂的氧化、还原反应。当空燃比在理论空燃比附近时，催化器的转化效率高，发动机排气中的一氧化碳（CO）、碳氢化合物（HC）和氮氧化合物（NO_x）反应转化成无害的水（H_2O）、二氧化碳（CO_2）和氮气（N_2）。

$$2HC+CO+2NO_x+O_2 \longrightarrow H_2O+3CO_2+N_2$$
$$2CO+O_2 \longrightarrow 2CO_2$$
$$4HC+5O_2 \longrightarrow 2H_2O+4CO_2$$
$$4NO+4CO \longrightarrow 2N_2+4CO_2$$
$$4HC+10NO \longrightarrow 5N_2+2H_2O+4CO_2$$
$$CO+H_2O \longrightarrow CO_2+H_2$$
$$2NO+5H_2 \longrightarrow 2NH_3+2H_2O$$
$$2HC+3H_2O \longrightarrow CO+CO_2+4H_2$$

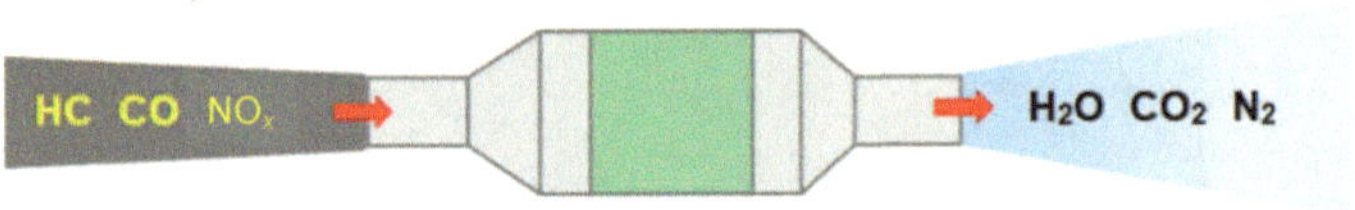

9. 为什么要对曲轴箱进行排放控制?

在发动机工作的压缩与做功过程中，燃烧室内气体压力升高，气体会从活塞与气缸间的间隙窜入曲轴箱，所窜出的气体会从机油管口处逸出，造成污染。排气污染物排放中约1%的CO、1%的NO_x、20%的HC是通过曲轴箱排出的。

曲轴箱强制通风系统（positive crankcase ventilation，PCV）是曲轴箱排放控制的主要措施，工作原理是把曲轴箱排放物吸入进气管，重新进入气缸内烧掉，避免污染物排入大气。同时需要注意的是，PCV系统工作时需要保证曲轴箱中的压力在任何工况下都不超过大气压力。

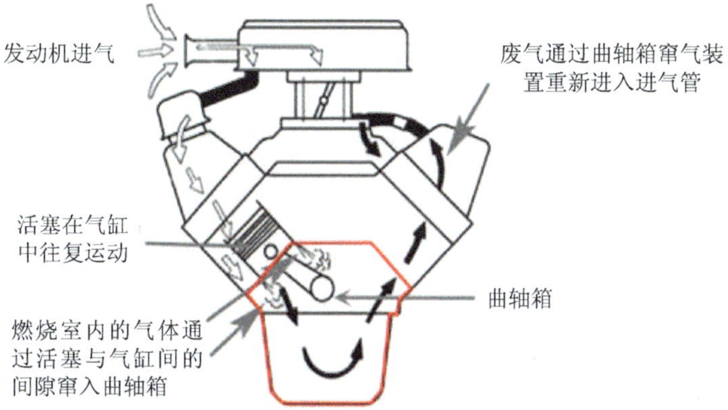

曲轴箱强制通风系统工作原理图

10. 汽油车蒸发污染物是如何产生的?

汽油机的蒸发排放来源主要是橡胶、塑料油管等油路系统的燃油渗透、炭罐逸出和加油泄漏等，一般国际上以 4 种车辆运行状态来描述燃油蒸发的产生过程。

1. 运行损失:

发动机正常运行时从燃油系统中逸出的蒸汽

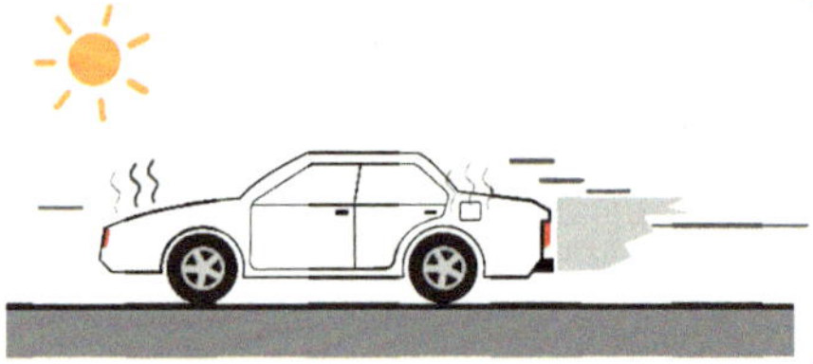

2. 热浸损失:

在停机后由于残余热量使得油箱和油管等温度升高造成的蒸汽逸出

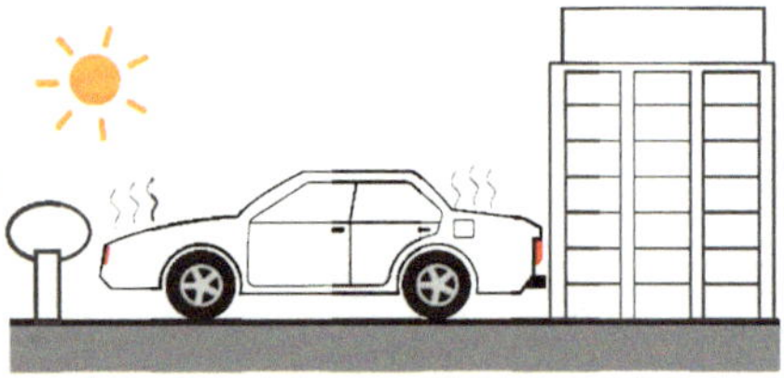

3. 昼夜损失:

昼夜变化温差造成的蒸发排放

4. 加油损失:

车辆在加油过程中产生的燃油蒸汽泄漏

11. 汽油车蒸发排放污染物来源及控制措施有哪些？

燃油蒸发排放控制装置（EVAP）是控制燃油系统蒸发排放的主要措施，其中最常用的是活性炭罐式蒸发控制系统。该系统主要通过吸附和脱附过程实现连续的蒸发排放物控制。吸附指将炭罐安装在油箱通大气的管路中，利用活性炭吸附油箱产生油气中的有机物，油气净化后再排入大气。脱附过程指在发动机工作时，使外部空气流经炭罐后进入发动机进气通道，气流把炭罐中吸附的有机物“洗脱”下来并带进发动机燃烧室烧掉，从而使炭罐始终保持“新鲜”，具备较高的吸附效率。

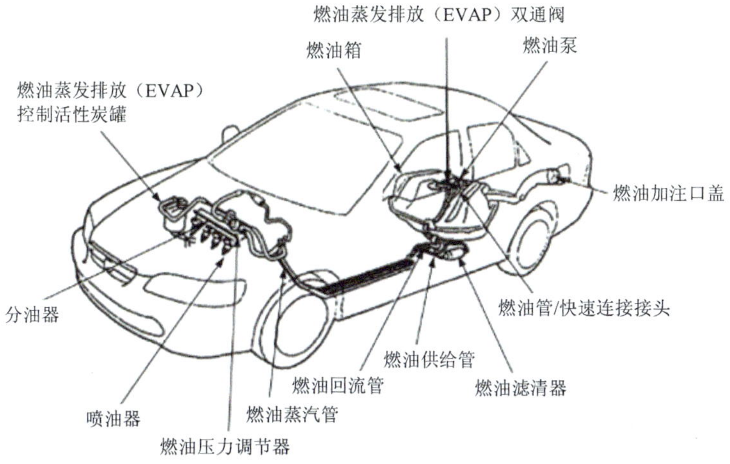

燃油系统蒸发排放控制系统

12. 什么是汽油车颗粒捕集器?

缸内直喷（GDI）在乘用车上的应用愈来愈广泛，燃油直接喷入缸内，导致油气混合不均匀和燃油湿壁，使颗粒物排放数量显著增加。国六排放标准增加了对粒子数量（PN）排放的限值要求，因此汽油车需要加装汽油车颗粒捕集器（gasoline particulate filter，GPF）。

GPF 由流通式三元催化器演变而来，是一种安装在汽油发动机排放系统中的陶瓷过滤器，外形一般为圆柱体。主要以壁流式蜂窝陶瓷为载体，载体体内有很多平行的轴向蜂窝孔道，相邻的两个孔道内一个只有进口开放，另一个只有出口开放。排气从开放的进口孔道流入，通过 GPF 载体多孔壁面至相邻孔道排出。GPF 过滤材料主要有堇青石、碳化硅（SIC）、钛酸铝（AT）、合金。目前，研究与使用最多的是堇青石，其主要优点在于成本低、热膨胀系数小、耐高温和机械强度高。

汽油车颗粒捕集器及其微观结构

13. 摩托车排放控制技术有哪些特点?

摩托车通常是指由动力装置驱动的，具有两个或三个车轮的道路车辆，具有轻便灵活、行驶迅速、经济性能良好的特点，广泛用于短途代步、农村客货运输等，近年来休闲娱乐用摩托车在迅速增加。

摩托车排放包括排气污染物排放和蒸发排放。排气污染物排放指排气管排放的气态污染物，包括一氧化碳、碳氢化合物和氮氧化物等。排放控制技术可以分为机内净化和机外净化。机内净化主要是通过改进发动机本身的设计和优化发动机燃烧过程来降低排放，如燃烧系统优化、电子控制技术等。机外净化广泛采用排气催化转化技术。燃油蒸发污染物主要来自燃油箱及燃油管路中排向大气的燃油蒸汽，其主要成分为 HC 化合物，利用活性炭吸、脱附性能建立的活性炭罐燃油蒸发控制技术是全球公认的最有效的燃油蒸发控制技术。

摩托车排放控制技术

序号	适用车型	技术方案
1	• 大、中、小排量两轮摩托车 • 小排量三轮摩托车	• 闭环电喷 • 一级三元催化转化器 • 炭罐
2	• 大排量的两轮摩托车 • 中、大排量的三轮摩托车	• 闭环电喷 • 双级三元催化转化器 • 炭罐
3	• 中、大排量的两轮摩托车 • 大排量的三轮摩托车	• 闭环电喷 • 电控二次补气 • 三元催化转化器 • 炭罐

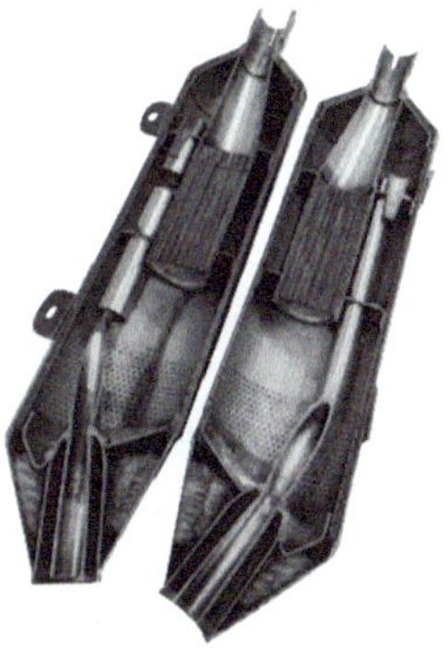

摩托车三元催化转化器剖面图

14．通机排放特点和控制技术如何？

通机是一种小型内燃机，其功率一般在 19 kW 以下，主要用于农林植保机械、园林机械及发电机等产品上。与道路车用内燃机及一些大型的非道路用内燃机产品相比，通机具有体积小、结构简单、采用化油器供油及自带强制风冷冷却方式等特点，这些特点造成了通机在工作时温度较高，产生较高浓度的 CO 和 HC 污染物。目前通机排放控制技术主要有机内净化技术和机外净化技术。机内净化技术包括化油器优化、分层扫气（仅对二冲程发动机）及燃油喷射等。机外净化的技术包括排气管中安装催化转化器等。我国是世界上最大的通机生产和销售国，部分出口产品的排放控制水平已达到世界先进水平。

通机催化转化单元

第二章 柴油车排放控制技术

1. 柴油车排放有什么特点?

柴油车的排放污染物主要来自柴油机的尾气排放和曲轴箱排放。柴油车的排放污染物包括氮氧化物（NO_x）、颗粒物（PM）、一氧化碳（CO）、碳氢化合物（HC）以及二氧化硫（SO_2）。

与汽油机的燃烧方式不同，柴油机是稀薄燃烧，空燃比较大，充足的氧气使得燃烧过程更加充分，从而 CO 和 HC 的排放很低，但高温、富氧的环境会导致 NO_x 大量产生。另外，由于缸内喷射会带来局部缺氧的情况，并且柴油大分子组分挥发性较差，导致更多的颗粒物产生。因此，NO_x 和颗粒物的排放控制是柴油车关注的重点。

2. 柴油机的机内净化技术有哪些?

柴油机机内净化技术主要从进气优化、喷油控制以及改善缸内燃烧等方面着手，常见的有进气增压、气门优化、高压共轨、电控喷油系统以及废气再循环（EGR）等技术。

柴油机排放控制重点关注 NO_x 和 PM 的排放，由于 NO_x 和 PM 生成机理的差异，需要采用针对性的净化技术：

（1）对于 NO_x，可以对预喷射、多段喷射等进行改进，加装 EGR 系统，通过降低燃烧温度来减少 NO_x 的产生；

（2）对于 PM，可以通过进气系统优化、增压中冷以及高压喷射，减少局部区域出现过浓的混合气，有效降低 PM 的产生。

但是，NO_x 和 PM 生成机理存在此消彼长的矛盾关系，成为柴油机机内净化技术应用过程中面临的主要困难，需要通过合理的调配，再配合机外净化技术，才能使污染物排放控制达到最优的效果。

进气涡轮增压器结构图

3. 柴油机的机外净化技术有哪些?

柴油机的尾气中 CO 和 HC 的含量低、NO_x 和 O_2 含量高，不能通过三元催化转化器对气体污染物进行清除。同时柴油机的尾气中 PM 的含量较高，因此柴油机的尾气处理相对更加困难，机外净化技术也更加复杂。

为了满足法规严苛的要求，对于不同的污染物，通常需要不同后处理装置来进行处理。常见的后处理装置及工作原理如以下图表所示。

后处理装置名称	工作原理	污染物
柴油机氧化催化转化器（DOC）	催化氧化反应	CO、HC、颗粒物中可溶性有机成分（SOF）
选择性催化还原转化器（SCR）	催化还原反应	NO_x
稀燃氮氧化物捕集器（LNT）	吸附-催化还原反应	NO_x
柴油机颗粒捕集器（DPF）	物理方法	颗粒物中碳烟颗粒（SOOT）
氨逃逸催化器（ASC）	催化氧化反应	NH_3

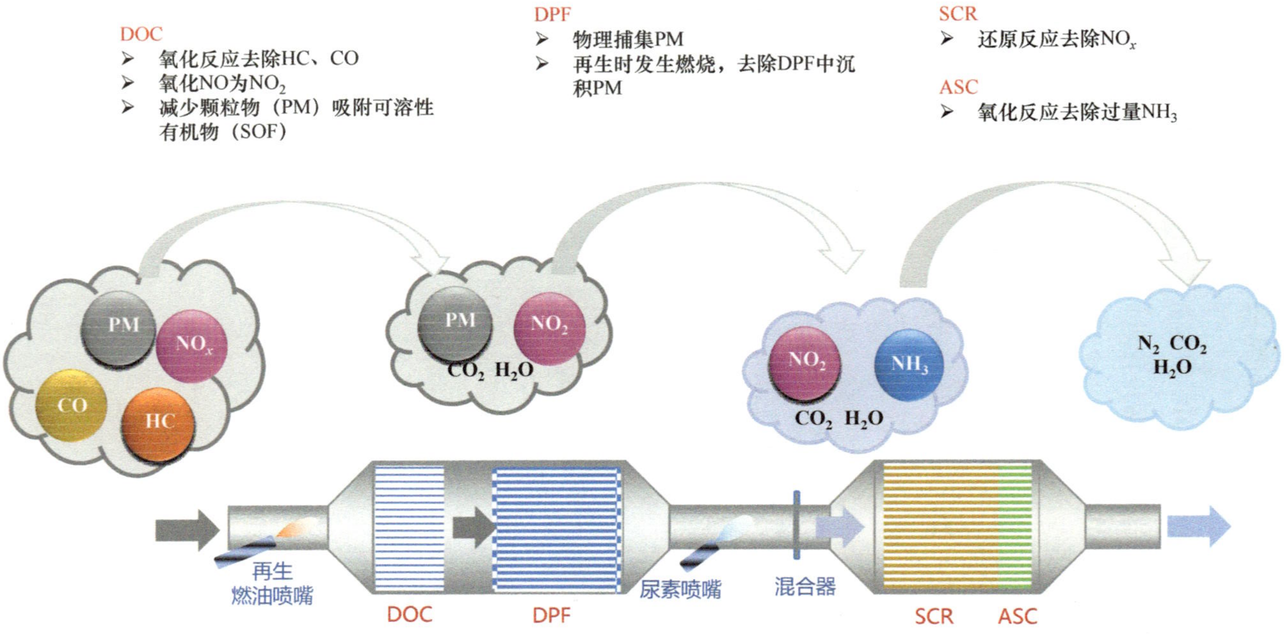

柴油机机外净化技术工作原理

4. 柴油车排放控制技术经历怎样的发展?

柴油机机内净化技术经历从机械控制系统到电控燃油系统，从单体泵到高压共轨，再到增压中冷技术以及 EGR 技术的应用，这些技术有效地改善了柴油机的燃烧过程，提高了柴油机的动力性和经济性，有效地降低了污染物的排放。随着标准的不断严苛，机内净化技术也经历了快速的升级，喷射压力提高、两级增压、可变截面增压器（VGT）、冷却 EGR 等技术不断涌现，机内净化技术朝着精细控制不断发展。

柴油机的机外净化技术也随着标准要求的严苛而越发复杂，从单一的 DOC，到 SCR、DPF 和 ASC 的加入，组合方式从 DOC+DPF 到 DOC+SCR，再到 DOC+DPF+SCR+ASC 共同组成排气后处理系统。

此外，柴油机的排气后处理还需要与发动机的进气系统、电控燃油系统以及 EGR 系统工作相匹配，才能实现发动机高经济性和低排放的目标。例如，SCR 和 EGR 系统如何选择匹配，是否加装 DPF，都是在综合考虑原机排放性能和成本的基础上进行方案制定的。同时，机内净化技术在控制过程中，还需要考虑到匹配后处理工作状态的情况，如何使后处理快速、稳定地工作在合理温度范围内，也是机内净化技术应用过程中需要考虑的。

目前，（高压共轨+增压中冷+EGR）+（DOC+DPF+SCR+ASC）已成为国六柴油车典型的污染物控制系统，如以下图表所示。

不同阶段柴油机排放控制技术发展

排放阶段	典型机内净化技术	典型机外净化技术
国一阶段	机械式燃油泵	无
国二阶段	机械式燃油泵（喷油压力增大）+增压中冷	无
国三阶段	电控喷射系统（电控单体泵、高压共轨）+优化燃烧+增压中冷	DOC（少量）
国四阶段	电控喷射系统（高压共轨）+优化燃烧+增压中冷	轻型：DOC+DPF 重型：DOC+SCR（无 EGR）
国五阶段	电控喷射系统（高压共轨、多次喷射等)+优化燃烧+增压中冷+EGR	轻型：DOC+DPF 重型：DOC+SCR（无 EGR）
国六阶段	电控喷射系统（高压共轨、高压喷射）+优化燃烧+增压中冷（VGT、两级增压）+ EGR	轻型：DOC+DPF+SCR/LNT 或 DOC+DPF+SCR+ASC 重型：DOC+DPF+SCR+ASC 或 DOC+DPF+高效 SCR（无 EGR）+ASC

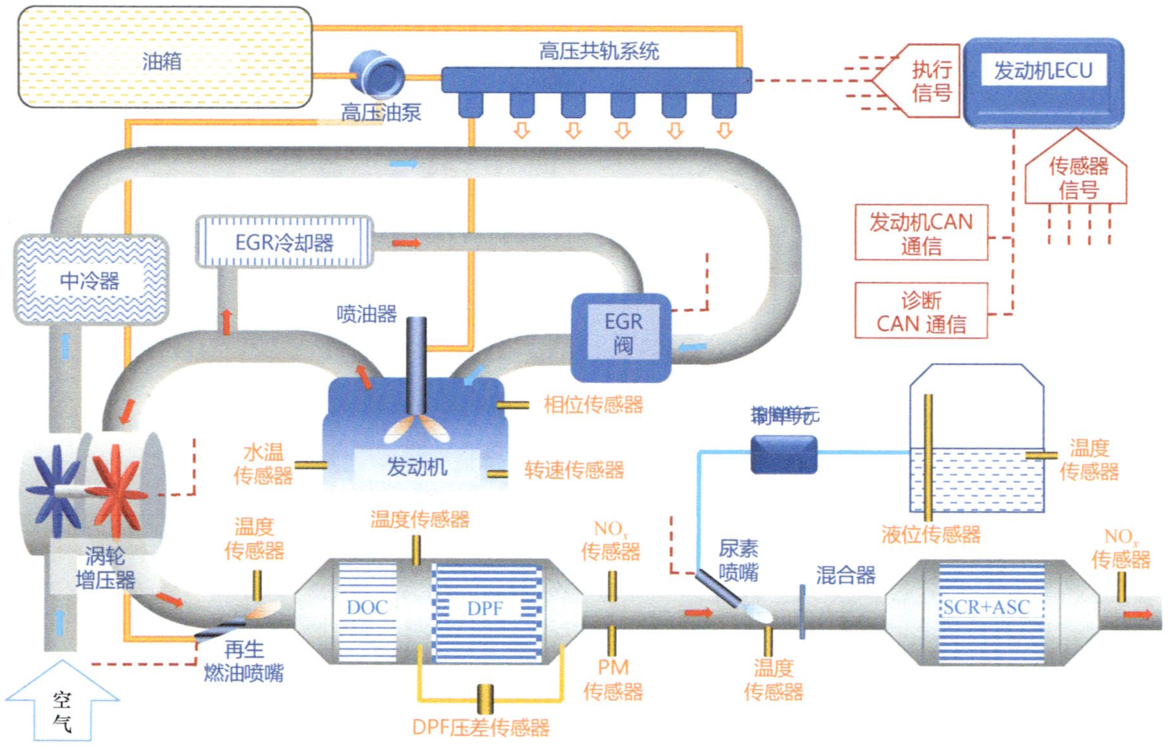

典型国六柴油机污染物排放控制技术

5. EGR如何降低NO_x的排放?

EGR是废气再循环的英文缩写，EGR系统是将燃烧产生的废气重新引入进气歧管，和新鲜空气混合后再参与燃烧的一套装置。废气中大量惰性气体可以阻碍燃烧的快速进行，增大了混合气的比热容，使燃烧温度降低，同时废气的引入降低了混合气的氧浓度，能够有效抑制NO_x的生成。

我们将进气量中废气的占比称为废气再循环率（EGR率），是EGR系统控制的关键参数，通过EGR阀可以对EGR率进行控制。随着EGR率的增大，NO_x降低的同时，炭烟排放和燃油消耗也会随之恶化，因此要将EGR率控制在合理的范围内。EGR系统将废气引入后，进气温度升高，有爆燃的风险，采用冷却EGR技术可以有效决这个问题。

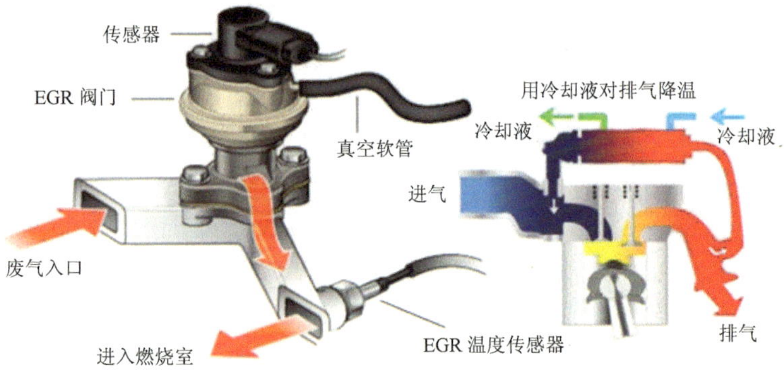

EGR工作原理

6. 柴油机氧化催化转化器是如何工作的?

柴油机氧化催化转化器（DOC）安装于柴油机后处理系统最前端，载体一般为蜂窝状结构，载体表面的涂层含氧化铝及铂（Pt）、钯（Pb）等贵金属催化剂。在催化剂的作用下，HC、CO 的氧化反应可以在较低的温度下进行，与排气中的氧气充分反应生成无害的 CO_2 和 H_2O。

DOC 不仅可以去除排气中大部分的 CO、HC 以及颗粒中的可溶性有机成分（SOF），还能为下游的后处理装置提供更好的工作条件。经过 DOC 的氧化反应后，排气温度升高，排气中的 NO 被氧化为 NO_2，能够有效提升 SCR 的工作效率；也为 DPF 的再生提供更好的工作条件。

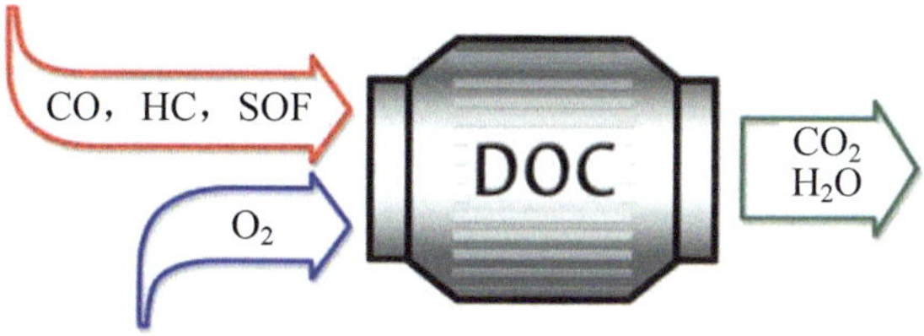

DOC 工作原理

7. SCR 如何降低 NO_x 排放？

SCR 的工作原理是在催化剂的作用下，利用还原剂选择性地将 NO_x 还原为 N_2，从而有效去除 NO_x。SCR 技术根据还原剂的不同，又可分为氨选择性催化还原（NH_3-SCR）和碳氢化合物选择性催化还原（HC-SCR）。

目前，市场上以氨选择性催化还原为主，SCR 系统一般采用尿素水溶液作为还原剂。当温度达到 200℃以上时，尿素水溶液喷射进入排气管中发生水解和热解反应生产 NH_3，NH_3 和 NO_x 在还原催化剂的协助下，反应生成 N_2 和 H_2O。氨选择性催化还原的 SCR 系统，存在有氨泄漏的风险，为避免氨逃逸造成二次污染，通常在 SCR 系统后端增加氨逃逸捕集器（ASC）对 NH_3 进行处理。

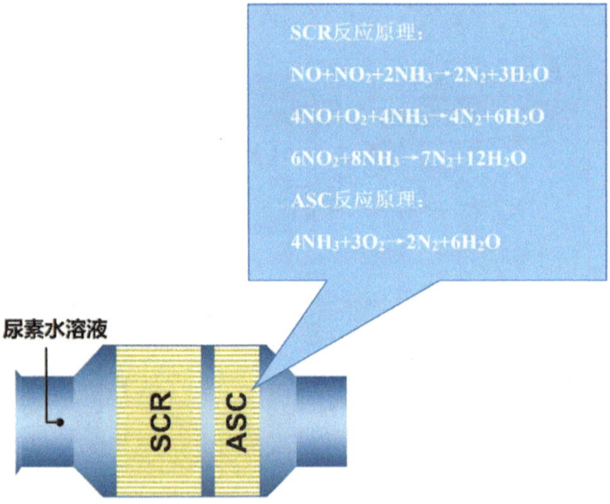

SCR 和 ASC 催化反应原理

8. 为什么要使用柴油机颗粒捕集器?

排气中的颗粒物主要由挥发性可溶性有机成分（SOF）和碳烟颗粒（SOOT）组成，SOF 可以通过 DOC 催化氧化去除，SOOT 催化氧化的温度较高，无法通过 DOC 进行去除。柴油机颗粒捕集器（DPF）由多孔材料制成，好像“口罩”一样，通过物理方法对颗粒物进行收集，降低尾气颗粒物排放。柴油车国六标准提出了颗粒物数量控制要求，DPF 成为柴油车达标“标配”之一。

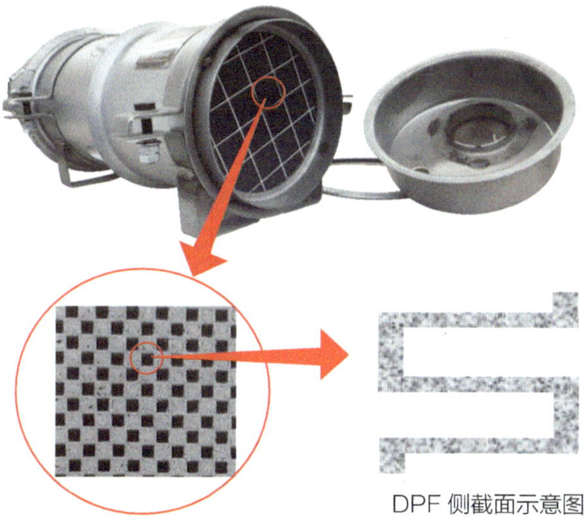

DPF 结构图

9. DPF 的过滤原理是什么？

DPF 利用了微粒的扩散、拦截、惯性碰撞及重力沉积机理，用细孔或者纤维的过滤体来捕集排气中的颗粒物。DPF 按照尾气流通方式分为直通式（FT-DPF）和壁流式（WF-DPF）。滤芯材料主要有陶瓷基、金属基和复合基材料三种，其中陶瓷基材料应用最广泛，陶瓷基材料中又以蜂窝陶瓷过滤效果最好。

目前，市场中最常见的是采用壁流式蜂窝陶瓷的 DPF，利用相邻捕集器孔道前后交替封堵，使尾气从壁面穿过，从而实现对颗粒物的截留捕集（见下图），过滤效率能达到 90%以上。

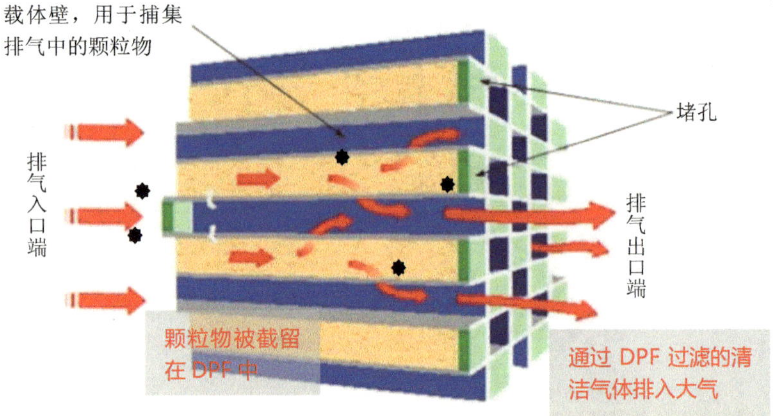

壁流式蜂窝陶瓷的 DPF 工作原理

10. 什么是 DPF 的再生？

DPF 只能捕集而不能直接去除尾气中的颗粒物，随着捕集沉积的颗粒物增多，形成 DPF 堵塞，导致发动机排气背压不断增加，发动机的动力性能和经济性能都随之降低。为改善这种情况，让系统恢复低流阻状态，需要去除 DPF 中沉积的颗粒物，这个过程也就是我们俗称的 DPF 再生。再生过程实际就是颗粒物燃烧的过程，当温度超过 560℃时颗粒物会开始燃烧。再生方式分为主动再生和被动再生。主动再生是通过外加能量提高排气温度达到颗粒物燃烧温度，常用的方法有喷油助燃、电加热和微波加热等。被动再生利用排气自身的能量使颗粒物燃烧，常用方式有大负荷再生、排气节流、催化再生以及燃油添加剂再生。

如图所示，当过滤器的压降达到阈值时，系统触发主动再生，进入 DPF 的温度将急剧升高并维持一段时间，捕集的颗粒在高温下燃烧，随后，DPF 的压降恢复到较低的状态。

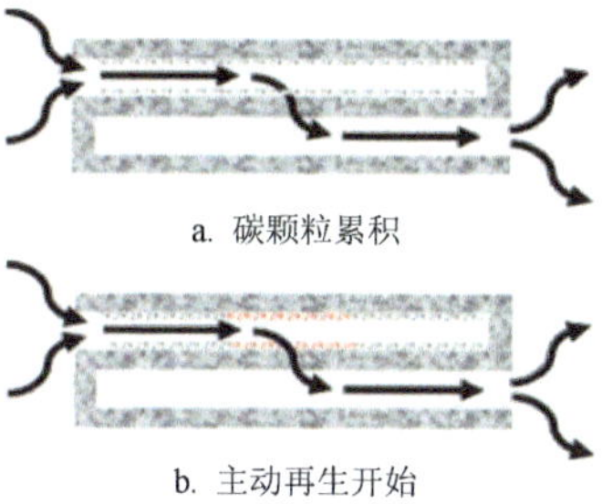

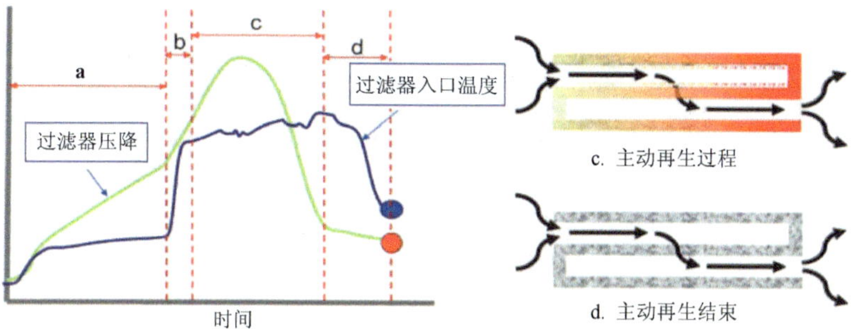

DPF 主动再生过程示意图

第三章
天然气车排放控制技术

1. 天然气是清洁能源吗？

我国国民经济和社会发展统计公报从 2014 年起发布清洁能源消费量占能源消费总量的比例，水电、风电、核电、天然气等列入其中。天然气辛烷值远低于汽油，具有较好的抗爆性，能使用较高的增压比，燃烧效率高。天然气的主要成分是甲烷，相比于液态燃料，燃烧过程更加充分，燃烧产生的污染物更少，特别是一氧化碳、碳氢化合物、颗粒物、二氧化碳和二氧化硫显著降低，因此被人们认为是清洁能源。我们需要注意天然气车 NO_x 和 CH_4 的排放控制问题，只有做好机内净化并装配高效后处理装置，就能达到相应的国家排放标准。

车用天然气罐

2. 天然气车排放控制技术有哪些?

天然气车发动机需要根据燃烧方式合理搭配不同的排放控制技术，从而实现超低排放（见下页图）。

（1）当量燃烧

当量燃烧指的是发动机工作在理论空燃比下，与汽油车相似。对于当量燃烧，常常采用 EGR 和三元催化转化器的组合。EGR 可以降低发动机的热负荷，减少 NO_x 排放，再通过三元催化转化器将排气中的 HC、CO 和 NO_x 进行转化，达到排放要求。由于三元催化转化器技术成熟，同时，当量燃烧的动力性能更好，进入国六阶段以后，天然气车发动机更多选择当量燃烧的形式。

（2）稀薄燃烧

稀薄燃烧指的是发动机在空燃比超过理论空燃比的情况下工作，这就意味着更多的空气进入发动机，形成富氧条件。适度的稀薄燃烧为发动机提供富氧条件，可以让燃烧效率更高，得到更好的节油和动力性能，HC、CO 和 PM 排放较低，但同时，燃烧温度的提升会导致生成更多 NO_x，三元催化转化器无法进行还原反应。国四和国五排放标准阶段，天然气车生产企业选用“稀薄燃烧+氧化性催化器”技术应对 NO_x 等污染物的排放限值，采用了更高的空燃比，过量空气稀释了燃料，影响了正常燃烧，从而降低 NO_x 排放，同时在一定程度上降低了发动机的节油和动力性能。需防止不法企业为了优化动力性能，在车辆批量生产或销售后作弊修改控制策略，调低空燃比，致使 NO_x 排放严重超标。

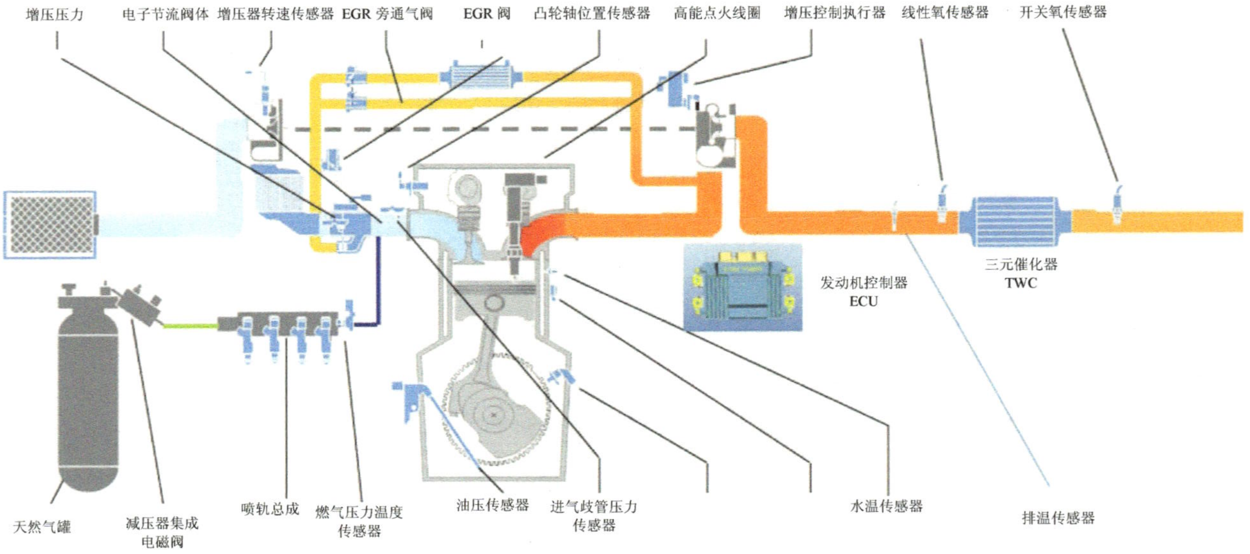

天然气车发动机控制系统

第四章
OBD 和远程监控技术

1. 什么是 OBD 系统?

OBD 是英文 on-board diagnostics 的缩写，中文翻译为“车载诊断”，顾名思义 OBD 是车的“诊断医生”，它会实时持续对车辆的各系统和零部件进行“看诊”，同时监督检测车辆排放的劣化过程。当车辆“生病”（系统发生故障）时，则自动生成并存储“车辆体检报告”。

当车辆的污染控制系统发现故障时，故障灯（MIL）或检查发动机（check engine）警告灯将点亮，同时将故障信息存入存储器。通过通用诊断仪可以读取存储的故障码以及故障信息，根据故障信息的提示，维修人员能迅速准确地确定故障的性质和部位。

故障灯（MIL）　　驾驶员报警系统指标器

OBD 指示信号

2. OBD 系统能做哪些监测?

OBD 系统主要对影响发动机排放性能的相关部件及系统进行监测。影响发动机排放性能的部件主要是机内和机外净化技术相关的零部件，如燃油喷射系统、增压系统、EGR 系统等机内净化装置，以及三元催化转化器、GPF、DOC、SCR 等后处理装置（示意图见下页）。

OBD 系统并不是任何时候都保持监测状态，只有当环境温度、海拔、冷却液温度、电瓶电压等满足一定条件时才保持正常工作，当以上参数超过一定限值后，受外界或车辆自身条件限制，监测功能可以临时中断。

检测人员可以通过车上的 OBD 诊断接口连接故障诊断仪对发动机的 OBD 监控信息进行读取分析（见下图）。

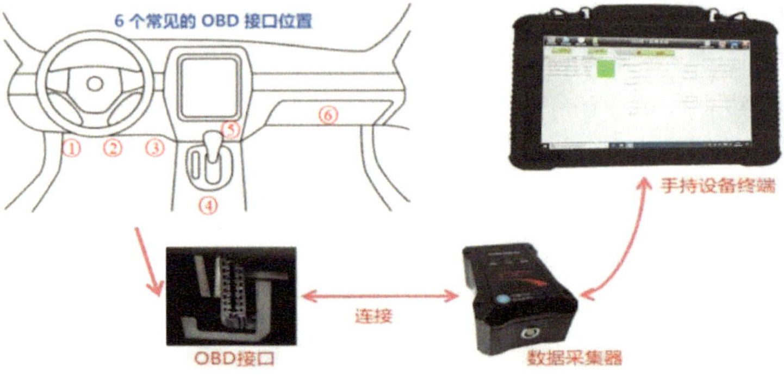

OBD 故障诊断仪连接示意图

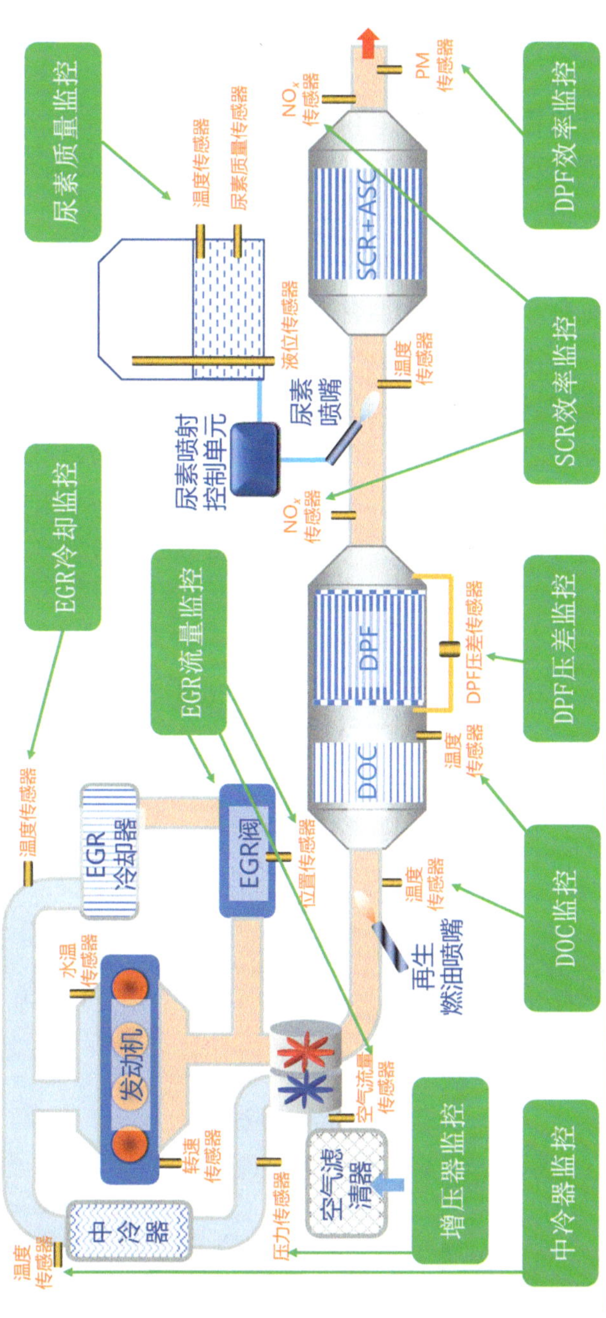

柴油机 OBD 监控系统主要构成示意图

3. 三元催化转化器转化效率如何监测?

三元催化转化器转化效率和催化器储氧能力具有很强关联性，因而通过催化器前后位置安装的氧传感器测得的数值来判断催化器是否正常。

由于发动机是按照 60 Hz 的频率动态调整空燃比的，因此尾气排出发动机时，前氧传感器将检测到规律的氧含量波动信号。当尾气通过三元催化时，催化器会在尾气富氧时储存氧气，贫氧时释放氧气，因而后氧传感器检测到的氧含量信号波动较弱。当催化器损坏时，其储氧能力减弱，后氧传感器将检测到较强波动信号（如下图所示）。随着催化效率的降低，前后氧传感器所测到的数值会逐步接近，当超过一定阈值后，OBD 系统将报警提示。

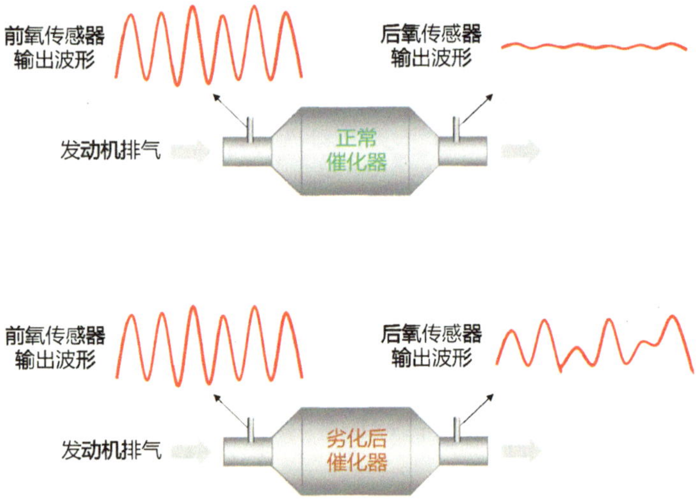

三元催化转化器转化效率监控原理

4. 如何监测 EGR 阀卡滞?

EGR 阀是控制 EGR 率的关键部件。当废气经过 EGR 阀时易形成积碳，积碳沉积过多会导致堵塞，致使 EGR 阀卡滞不能正常工作。EGR 阀卡滞后，不但不能有效改善排放，严重时甚至会影响发动机的动力性和经济性。

因此，EGR 阀配备了专门的位置传感器用于监测其工作状态。EGR 阀位置传感器是一个可变电阻电位器，通过它的反馈信号和执行信号的差异来判断 EGR 阀是否出现卡滞情况。

5. SCR 转化效率如何监测?

SCR 转化效率的监测主要依靠 SCR 催化器前、后的 NO_x 传感器实现。上游 NO_x 传感器一般布置在 DOC 的上游，主要是避免氧化反应对测量的影响。催化器前、后的 NO_x 传感器测得的值分别是反应前、后的 NO_x 浓度，通过双传感器信号共同判断催化器的净化效率。

由于瞬态工作时浓度的变化较大，不直接使用瞬态值判定转化效率，而是对 NO_x 浓度进行累计，计算出累积效率，作为判断 SCR 转化效率是否正常的依据。

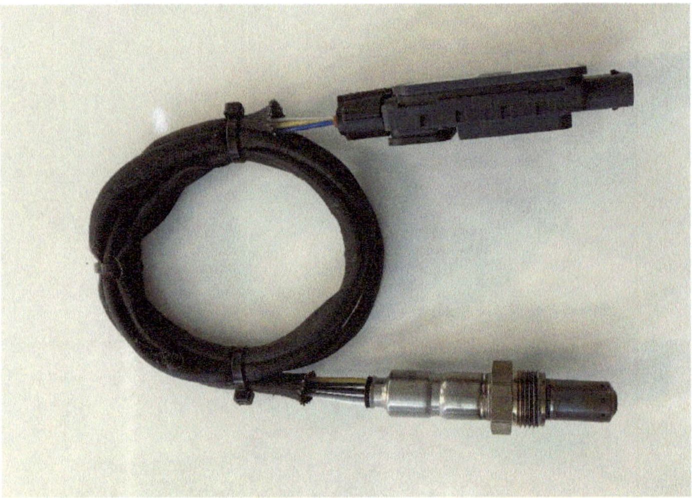

NO_x 传感器

6. OBD 系统在用监测频率（IUPR）有什么用?

OBD 系统在用监测频率（IUPR）是用来判断在用车辆 OBD 系统是否正常工作的指标。IUPR 是分子计数器和分母计数器相除得到的。其中，分母计数器反映的是车辆运行次数；分子计数器则反映的是 OBD 系统完成监测的次数。

一些排放控制部件出现故障比较随机，如果监测间隔时间过长，很有可能导致故障信息被漏掉，不能报警。IUPR 就是反映某一个监测执行的比例，体现了 OBD 监测功能故障的及时性。监测项的 IUPR 越高，则代表该监测功能在用户真实的使用环境下对故障的检测越及时有效。标准中对在用车的 IUPR 有严格的要求（见下图），是监管部门在用车符合性检查的重要内容之一。

国六汽油车 IUPR 监测要求

综合零部件 >0.336	EGR >0.336	炭罐脱附流量 >0.336
氧传感器 >0.336	二次空气 >0.1	0.5 mm 蒸发泄漏>0.1
催化器 >0.336	VVT >0.1	1 mm 蒸发泄漏>0.26

7. 重型柴油车 NO_x 控制系统指的是什么?

为加强对柴油机 NO_x 排放的监管，重型车国六标准专门提出对 NO_x 控制系统的监控要求（见下图）。与 OBD 的诊断报警功能不同，NO_x 控制系统功能是防止作弊、督促用户正确添加尿素。NO_x 控制系统具有驾驶员报警功能和驾驶性能限制功能。当系统监测到尿素存量低、质量异常、消耗量低或部件存在故障时，通过可视报警通知驾驶员，提醒驾驶员检查并修复故障。驾驶性能限制功能一般是在车辆再次启动后激活。激活后，驾驶员仍可以在“跛行回家”模式下继续行驶，待故障修复后，车辆才能恢复正常。

需要注意的是，对于急救、军事、民防、消防以及维护公共秩序的武装车辆，驾驶性能限制功能并不适用。

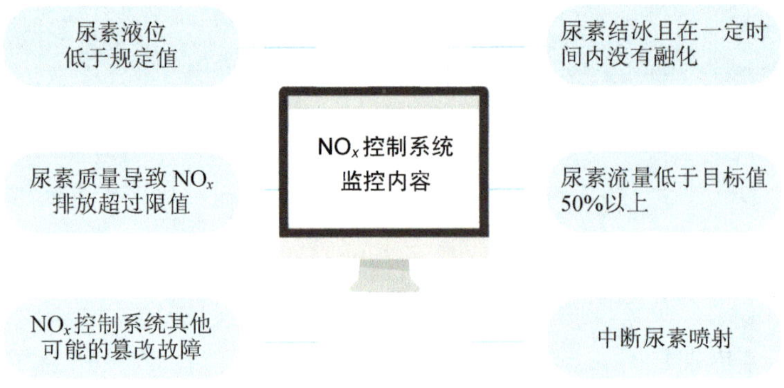

NO_x 控制系统监控内容

8. 驾驶性能限制什么情况下发生？

为督促驾驶员及时检查和修复故障，NO_x 控制系统设置了初级和严重两级驾驶性能限制功能：在报警激活、发动机带故障运行至设定时间时初级驾驶性能限制系统激活，发动机最大输出转矩下降至外特性扭矩的 75%；初级驾驶性能限制功能激活后发动机继续带故障运行至设定时间则激活严重驾驶性能限制功能，强制把车辆运行速度限制至 20 km/h（跛行模式）。考虑到驾驶安全的因素，驾驶性能限制系统激活后并不立即对车辆进行限扭限速，需要当车辆停止后重新启动才会实施限扭限速（见下表）。

对于用于急救、军事、民防、消防及维护公共秩序的武装车辆，驾驶性能限制系统可以永久解除激活，但只能由发动机或整车企业完成。

驾驶性能限制激活条件

监测项目	初级限制	严重限制
反应剂剩余量	剩余量≤2.5%	完全用尽
反应剂质量	发现后发动机运行 10 h	发现后发动机运行 20 h
反应剂消耗少、给料中断	发现后发动机运行 10 h	发现后发动机运行 20 h
EGR 阀堵塞	发现后发动机运行 36 h	发现后发动机运行 100 h
监测系统故障	发现后发动机运行 36 h	发现后发动机运行 100 h

9. 什么是远程监控技术？

国六重型车标准在全球首先提出强制实施车载远程在线监控要求，可通过车载终端随时监控每辆车排放控制系统的运行情况。重型车远程排放监控可实现排放监测、超标预警、精准定位和现场执法，极大地提高生态环境主管部门对重型车排放监管的监管效率，将是未来最重要的监管手段。远程排放监控技术通过安装在重型车上的远程车载终端，将车辆及OBD数据上传至远程排放监控平台，由远程排放监控平台对传输数据进行收集、存储、分析及决策判断（见下图）。通过监控平台能够实时查看车辆运行状态和实际排放情况，对排放超标车辆进行提醒，通知其进行维护，有助于减少车辆的实际道路污染物排放。

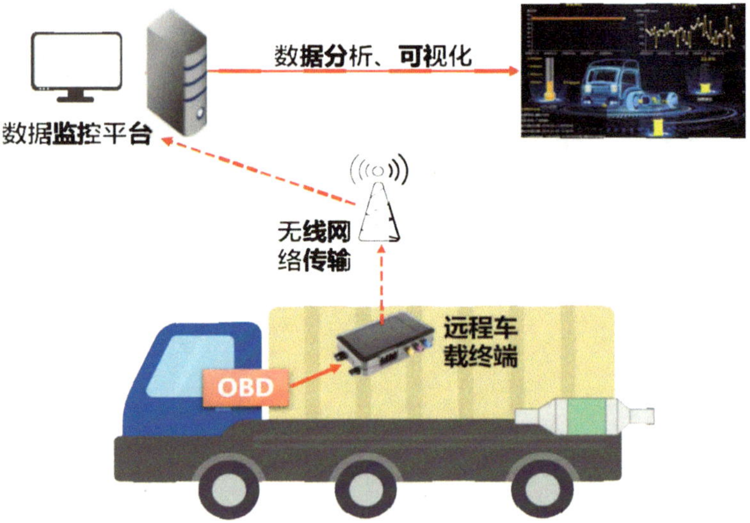

远程监控系统示意图

10. 远程监控通过什么设备进行数据采集？

远程监控是通过远程车载终端实现的数据采集，也就是我们俗称的 T-BOX。T-BOX 融合了 GPS 和无线通信技术，通过与车身控制器局域网络（CAN）数据交互，实现数据采集功能。

T-BOX 安装在车辆上，将发动机的运行状态、排放状态以及 OBD 信息进行采集存储，并通过无线信号及时地传输到管理部门的信息平台上。它是监管部门的好帮手，通过监控平台体系，可以对在用车辆全生命周期的运行情况进行全面监管。

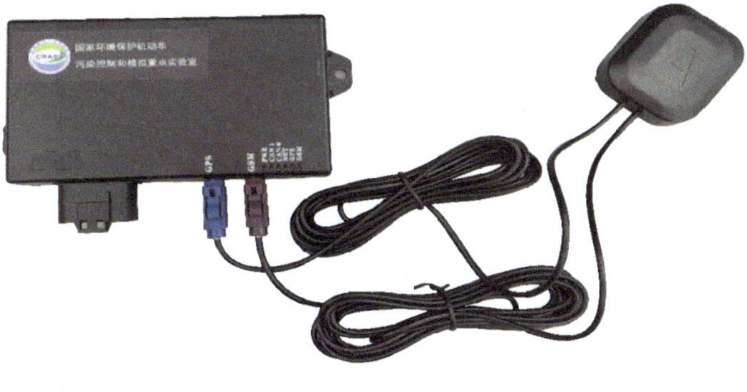

远程车载终端设备

11. 车载终端的安全芯片有什么作用？有什么要求？

车载终端的安全芯片作用是实现用户端、平台端多重认证因子登录，确保用户端数据采集真实性，防止数据在传输过程中的篡改，实现数据在采集、传输和存储全生命周期的安全。数据在终端采集后即通过安全芯片中的私钥添加数字签名，数字签名和原始数据形成绑定关系，一旦数据被篡改，则监管平台可通过数字签名及时发现，能够有效防止数据在传输过程中的非法篡改行为。

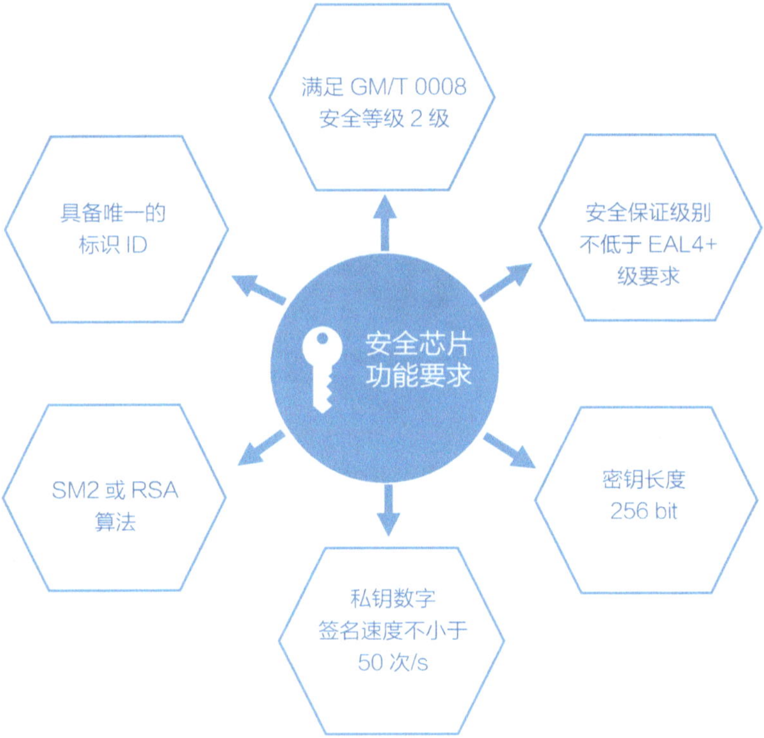

12. 远程监控对哪些参数进行监控？传输和保存有什么要求？

远程监控系统主要对两类数据进行监控：

（1）发动机的运行参数（转速、扭矩、燃油消耗量、冷却液温度）、排放后处理状态（SCR 温度、DPF 压差、反应剂余量）；

（2）车辆信息、OBD 信息以及 IUPR 状态。

对于国六b阶段的重型商用车，需保证车辆全寿命期内的数据传输和保存，远程车载终端内部存储介质容量应满足至少 7 d的内部数据存储。

有了这些信息，我们可以清楚地知道这是一台什么车，是否符合法规要求，运行状态是否正常，排气后处理是否正常工作，是否存在故障，OBD 系统是否在正常工作，实现对车辆信息的全生命周期监管（见下图）。

数据上传监控与分析

13. 重型车远程监管体系是什么样的?

国六阶段的车辆在新车上市前已装好数据传输终端（也叫“T-BOX”），车辆启动后 T-BOX 便首先向生态环境部数据平台发送激活信息进行激活，激活成功后，则开始将标准要求的数据传输至企业平台，并由企业平台将数据转发至生态环境部，由生态环境部实施重型车排放远程监管，形成了车载终端—企业平台—生态环境部的重型车排放远程监管体系，监控数据流向总体框架见下图。

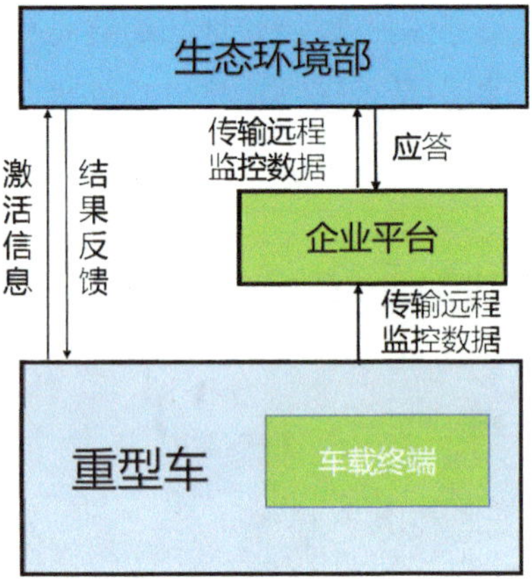

第五篇　车船用燃料、添加剂以及其他篇

随着排放标准日趋严格，燃油质量的重要性与日俱增。为此，我国持续推动燃油清洁化升级，实现了“车用柴油、普通柴油、部分船舶用油”三油并轨。同时，为保障机动车船发动机运行维持高效状态，避免因发动机损耗、积碳等原因造成排放恶化，机油质量和燃油清净剂的使用等问题在近年来也得到高度重视。对于采用选择性还原催化（SCR）技术削减 NO_x 排放的柴油车等，尿素水溶液等 NO_x 还原剂成为柴油车符合排放标准的必备用品。

为帮助大家了解相关知识，“车船用燃料、添加剂以及其他篇”介绍了车船用燃料、添加剂及柴油车用还原剂等的环保相关常识。本篇分为五章，第一章和第二章由贾明编写、第三章由桑健编写、第四章由皮晓超编写、第五章由王鸣宇编写。

第一章
车用汽油

1. 我国为什么淘汰了含铅汽油?

含铅汽油是指添加了四乙基铅的汽油。尽管四乙基铅是有效又经济的汽油抗爆剂，但是也有许多危害，主要有以下几个方面：（1）燃用含铅汽油的发动机排气中含有铅元素，污染环境，导致人体中毒，特别是影响少儿智力发育；（2）含铅汽油燃烧后，排气使催化转化器中的催化剂中毒失效，达不到排放控制的目的；（3）含铅汽油燃烧会导致发动机燃烧室积炭结焦，增加发动机的磨损。我国政府高度重视含铅汽油的健康和环境危害，从2000年7月1日起，全国停止销售和使用含铅汽油。此后，我国儿童血铅含量水平逐年显著下降，汽油无铅化行动极大地保护了人民身体健康。

四乙基铅

2. 为什么要推动燃油低硫化？

燃油中的硫在发动机内经过燃烧过程会生成硫氧化物（SO_x），对环境和车辆寿命有多种不利影响，一是硫氧化物随尾气排出形成大气污染，其中最主要的成分二氧化硫（SO_2）是生成酸雨的直接原因；二是硫氧化物转化为硫酸盐，附着在车辆催化转化器催化剂涂层的表面，形成“催化剂中毒”，导致污染物排放升高；三是硫氧化物等酸性物质，对于发动机有一定的腐蚀作用，降低其寿命。因而，降低燃油中的硫含量对控制排放有着重要的意义。我国政府近年来非常重视清洁燃油工作，燃油低硫化进展迅速（低硫化进程见下图），自 2017 年实施第五阶段燃油标准以来，燃油硫含量低于 10 mg/kg，达到国际先进水平。

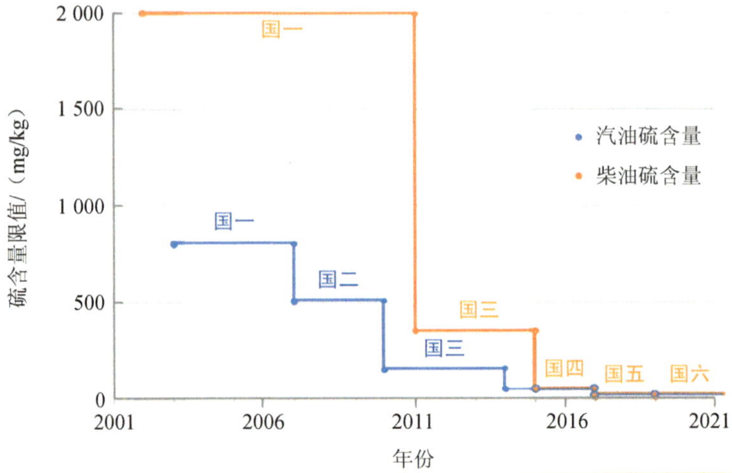

燃油标准实施年份

3. 为什么要降低汽油中烯烃含量?

汽油中的烯烃对车辆性能和大气环境都有不良影响，降低汽油烯烃含量对环境保护有着重要的意义。

对车辆性能的影响

汽油中的烯烃是高辛烷值成分，但热稳定性差，受热后易发生氧化与缩合反应，形成胶质沉积，在进气系统和燃油供给系统中形成堵塞，使排放恶化，功率下降，油耗增加。

对大气环境的影响

烯烃类物质还具有非常高的大气反应活性，烯烃蒸发后进入大气有助于臭氧的生成，美国研究证明，烯烃的含量从 20%降低到 5%可以显著降低城市的臭氧形成能力。同时，它的燃烧生成物会形成有毒的二烯烃。

由于生产工艺不同，长期以来我国生产汽油的烯烃含量远远高于美国和欧洲。经过近十几年来的努力，目前我国汽油烯烃含量控制在 18%水平，与欧洲一致。到 2023 年实施国六 b 阶段标准，烯烃含量将进一步降低到 15%，严于欧洲第六阶段标准水平（见下图）。

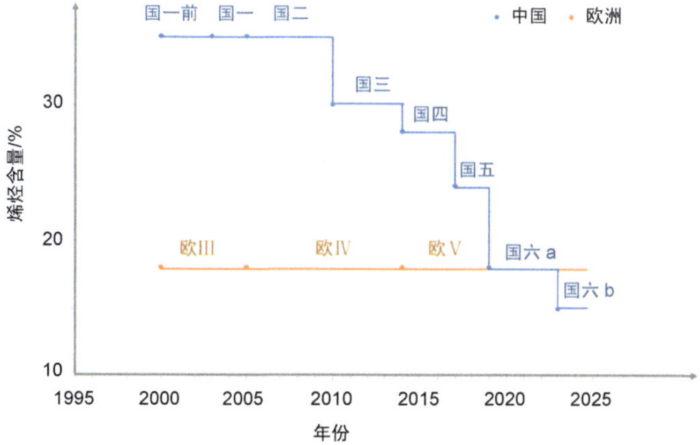

汽油烯烃含量降低进程

4. 为什么要降低燃油中苯系物含量?

苯是原油的天然组成部分，是一种已知的人类致癌物质。苯通过燃油蒸发和尾气排放等形式进入大气中，被人体吸入后对健康造成威胁。

燃油中苯含量控制已被许多国家的环境和人体健康保护机构认可为减少人类接触苯的有效方法。同时，苯含量的降低对于降低发动机颗粒物排放，减缓缸内积炭也有重要的意义。因而，各国燃油标准中对苯含量的要求变得越来越严格。

健康危害提示：
1. 麻痹中枢神经系统；
2. 轻者头晕、恶心；
3. 重者循环系统衰竭。

5. 为什么要降低燃油饱和蒸汽压?

降低燃油饱和蒸汽压的要求主要是针对汽油，因为汽油容易挥发。汽油的蒸气压高，就意味着挥发性强，使得汽油发动机在冬天较容易启动，但在夏天就容易产生气阻，同时会造成炭罐过载。汽油蒸汽压太高，蒸发排放污染物也会增加，不利于汽油的输送、储存，挥发掉的燃油也会造成经济损失。

6. 辛烷值是不是越高越好?

辛烷值是汽油抵抗爆震的指标，也是汽油标号的依据。汽油内有多种碳氢化合物，其中正庚烷在高温和高压下较容易引发自燃，造成爆震现象，将正庚烷的辛烷值定为零；而异辛烷爆震现象很小，其辛烷值定为100。汽油的辛烷值直接取决于汽油内各种碳氢化合物的成分比例，辛烷值越高的汽油抗爆性越好。

辛烷值和车辆节能环保有什么关系?

汽油的辛烷值越高，意味着汽油拥有更好的抗爆性能，设计车辆时可以通过提高发动机压缩比等方式提高燃烧效率，从而实现燃油经济性能的提高，实现节能减排的目的。

不需要加更高标号的汽油!

对于某辆车，使用更高标号的汽油并不能明显地改变车辆的燃油经济性、噪声和排放。我们应该根据自己车辆的实际技术情况，使用企业推荐的汽油标号。

7. 什么是乙醇汽油？有什么优缺点？

乙醇汽油是一种由粮食或各种植物纤维加工成的乙醇和普通汽油按一定比例混配形成的新型车用燃料。按照国家标准《车用乙醇汽油（E10）》（GB 18351—2015）规定，市售乙醇汽油由 90%的普通汽油与 10%的燃料乙醇调和而成，简称 E10，加油站根据乙醇汽油不同的抗爆指数，标注为 E92、E95、E98 等。

优点

1. 辛烷值高，抗爆性好；

2. 乙醇含氧量高达 34.7%，在汽油中含 10%的乙醇含氧量就能达到 3.5%；

3. 当在汽油中掺兑少于 10%时，对在用汽车发动机无须进行大的改动；

4. 燃料乙醇的生产资源丰富，改善能源结构；

5. 属于低碳燃料，有助于降低 CO_2 排放。

缺点

1. 热值为常规车用汽油的 60%，使用乙醇汽油会增加发动机的燃料消耗量；

2. 汽化潜热大，影响混合气的形成及燃烧速度，不利于汽车的加速性；

3. 燃烧产生乙酸，对汽车金属特别是铜有腐蚀作用；

4. 易吸水，车用乙醇汽油的含水量超过标准指标后，容易发生液相分离；

5. 是一种优良溶剂，易对汽车密封橡胶及其他非金属材料产生轻微腐蚀、溶涨、软化或龟裂作用。

第二章
柴　油

1. 十六烷值有什么意义?

十六烷值是表示柴油发火性能的指标，是柴油机最重要的使用指标之一，直接影响柴油机燃烧的平稳性。十六烷值越高，燃烧过程的滞燃期越短，燃烧越均匀。在选用柴油时不应单纯地追求高十六烷值，通常柴油的十六烷值在 40～60 是比较适宜的。

2. 如何理解调和油?

油品调和是成品油生产过程中的工艺之一，正规炼油企业通过调和不同成品油组分实现统筹原料和中间产品资源，满足国家和地方标准要求，保证产品质量。

但是，市场上有部分非法调和商家，从炼厂或者化工厂采购与汽柴油物理属性接近的组分油品，通过进行一定比例混掺并加入添加剂，最终得到符合国标汽柴油检测标准的油品，这种调和油对车辆及环境危害较大，应严厉打击。

3. 什么是生物柴油?

生物柴油是利用植物油、动物油、地沟油、泔水油、化工厂油脚等废弃油脂为原料与甲醇或乙醇经酯化而形成的脂肪酸单烷基脂，最典型的为脂肪酸甲脂（FAME），以 BD100 表示，是可供内燃机使用的液体燃料。生物柴油是典型的“绿色能源”，具有环保性能好、燃料性能好、原料来源广泛、可再生等特性。大力发展生物柴油对经济可持续发展、推进能源替代、减轻环境压力、控制城市大气污染具有重要的战略意义。

4. 什么是“三油并轨”？

“三油并轨”是指把用于车辆的车用柴油、主要用于机械设备（如拖拉机、内燃机车、工程机械和发电机组等）的普通柴油和部分船舶用柴油，统一硫含量技术指标要求，确保硫含量达到 10 mg/kg 以下。

根据《国务院关于印发打赢蓝天保卫战三年行动计划的通知》（国发〔2018〕22 号）有关要求，2019 年 1 月 1 日起，全国全面供应符合国六标准的车用柴油，停止销售低于国六标准的柴油，实现车用柴油、普通柴油、部分船舶用柴油“三油并轨”，取消普通柴油标准，重点区域、珠三角地区、成渝地区等提前实施。

5. 船舶使用什么燃油?

按燃料类型来看，船用油可分为内河型燃料油（即普通柴油）、馏分型燃料油和残渣型燃料油，内河型燃料油主要用于内河船和江海直达船，馏分型燃料油、残渣型燃料油主要用于沿海船舶和远洋船舶；按供给来源看，船用油可分为保税油和内贸油，保税油主要用于国际航线船舶，内贸油主要用于国内航线船舶。

现阶段，我国船用燃料油执行标准是《船用燃料油》（GB 17411—2015）及其第 1 号修改单，是参照国际标准 ISO 8217 制定的。根据标准规定，船用燃料油分为两类产品，一类是馏分型燃料，另一类是残渣型燃料。

馏分型燃料

包括 DMX（相当 10#轻柴油）、DMA（相当 0#普通柴油）、DMZ、DMB 等。其中，“D”表示是馏分型，“M”代表船用，“X、A、B、Z”分别代表不同档次的油品质量。

主要在高速柴油机及中速柴油机中使用，为短距离航行的中小型船舶提供动力，例如，在长江、运河航行的运沙土船、渔船、干散货船等，或用于船舶的辅机发电使用等。

残渣型燃料

包括 RMD80、RME180、RMG380 等。其中，“R”表示残渣型。

主要用于低速柴油机，或者与馏分型燃料混合后用于低速柴油机。船用燃料油根据 50℃时运动黏度的差异，通常分为 180CST、380CST、500CST 等，主要用在国际运输船舶，以及在沿海、沿江运输的较大船型上。

6. 船用燃料油的硫含量是多少？

目前，我国船用燃料消耗中有 60%～65%为船用燃料油，少量用轻柴油。根据《船用燃料油》（GB 17411—2015）标准，目前我国的海船用燃料油硫含量限值为 0.1%～3.5%（1 000～35 000 ppm*），是国六柴油（含硫量 10 ppm）的 100～3 500 倍。2018 年发布的第 1 号修订单中增加了内河船用燃料油相关内容，硫含量限值为 10 mg/kg（10 ppm）。

国家规定，2019 年 1 月 1 日后，车用柴油、普通柴油和部分船用柴油要实现“三油并轨”，硫含量达到 10 ppm 以下。目前，船舶排放控制区内海船用燃料油硫含量执行 0.5%的限值要求。

---

* $ppm=10^{-6}$。

第三章
机　油

1. 机油有什么用?

机油也叫“润滑油”，是发动机正常运行的必要保障，主要有六方面作用。

润滑减磨

在两个滑动部件表面形成一层油膜，让机件运转时不会发生摩擦，运转顺畅。

减震缓冲

当发动机运转时，运动部件之间的机油可起到缓冲的作用，也能有效降低噪声。

密封防漏

在活塞环和活塞之间以油膜的方法形成密封圈，防止燃烧后的废气窜入曲轴箱。

冷却降温

发动机运转时产生高温，当机油到达运转部位，就会吸取热量并将热量带走，辅助机件散热。

清洁分散

通过机油的流动，冲洗零件表面脏物，把微小的金属碎屑吸附，运输沉积到油底壳。

防锈防蚀

黏附零部件表面，防止空气、酸性物质及有害气体与零部件接触，起到防锈蚀作用。

2. 机油对汽车排放有什么影响?

车用机油中的硫、磷以及硫酸盐灰分等对机动车排放后处理装置中的催化剂性能以及耐久性有很大的影响。因此必须降低车用机油硫、磷、硫酸盐灰分等含量，从而满足后处理产品耐久性的要求。车用机油选用应该根据发动机的构造、零部件使用的材料、发动机运行的工况、使用环境、燃料种类及品质和排气后处理系统的组成等多方面的因素进行考虑。正确地使用车用机油，对保证发动机的正常工作、延长使用寿命和降低排放具有重要的作用。

3. 为什么要定期更换机油?

机油经过长期使用后，由于清洁润滑功效，机油中会含有大量的金属碎屑，另外由于长期工作在高温环境中，机油的黏度会不断降低，油膜的形成也会变得困难并且容易破碎，从而极大地降低机油功效，使运动部件之间摩擦加剧，发动机油耗增加，排放恶劣，甚至造成发动机损坏，如抱缸、烧瓦等故障。因而要定期更换机油。

4. 机油标准有哪些?

我国机油标准有《汽油机油》（GB 11121—2006）、《柴油机油》（GB 11122—2006）和《船用内燃机油》（GB/T 38049—2019）等，在机油编号和要求上基本沿用美国石油协会（API）认证标准。

当前国际上最权威的机油认证标准有三类，分别是常见的 API 认证标准，更高级别的欧洲汽车工业协会（ACEA）认证标准，以及国际润滑剂标准化及认证委员会（ILSAC）认证标准。API 机油标准是由美国石油协会颁布的机油质量标准，也是国际上普及最广的机油标准之一。该标准主要规定了油品的耐磨耗性、氧化稳定性、低温流动性、高温清净性、扩散过滤性、防腐蚀及防锈性、触媒兼容性及环保要求。

中华人民共和国国家标准

GB 11122—2006

柴 油 机 油

Diesel engine oils

2006-07-18 发布 2007-01-01 实施

中华人民共和国国家质量监督检验检疫总局
中国国家标准化管理委员会 发布

API 机油主要划分为三类：

- ➢ 以“S”开头系列代表汽油发动机用油；
- ➢ 以“C”开头系列代表柴油发动机用油；
- ➢ 当“S”“C”同时存在，则表示此机油为汽柴通用型。

目前，API 环保级别最高的机油是“SN”级。

5. 如何选用矿物质机油、半合成机油和全合成机油?

机油分为矿物质机油、半合成机油和全合成机油。

机油	矿物质机油	以石油提炼的矿物油为基础，添加了添加剂制造而成，价格比较低，能够提供一般的保护作用
	半合成机油	合成机油与矿物质机油按一定比例混合制成的润滑油，其性能介于合成机油与矿物质机油之间
	全合成机油	利用化学方法合成的机油，简称合成机油，性能优于半合成机油和矿物质机油

小知识

要根据车辆使用说明的要求，购买和使用机油。

- 一般自然吸气车对机油的要求较低，通常可选用经提炼的矿物质机油或较好的半合成机油。
- 涡轮增压的汽车一定要选用全合成机油。

第四章 车用汽油清净剂

1. 汽油清净剂是什么?

汽油清净剂是一种多效复合添加剂，可有效抑制燃烧系统沉积物形成，成分包括清净分散剂、防锈剂、抗氧抗腐剂、减摩剂、破乳剂和稀释剂等微量组分。

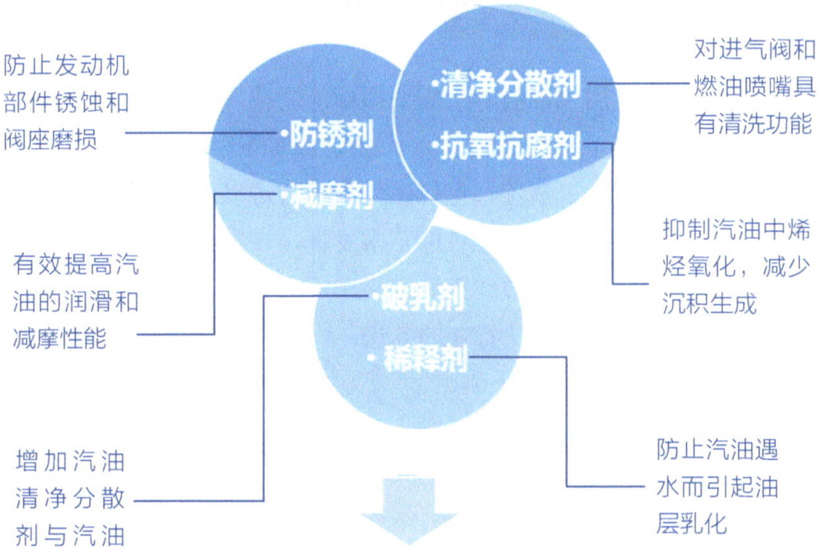

清净剂

2. 汽油清净剂执行哪些标准?

我国于 2003 年开始制定评价汽油清净剂的试验方法和标准，等效采用欧洲协调委员会（CEC）和美国试验材料协会（ASTM）的奔驰和福特发动机台架试验方法。2004 年发布了《车用汽油清净剂》（GB 19592—2004）国家标准，2019 年修订发布了《汽油清净剂》（GB 19592—2019）及《汽油清净性评价　汽油机进气阀沉积物模拟试验法》（GB/T 37322—2019）。这些标准使我国汽油清净剂的产品质量控制有章可循，结束了汽油清净剂产品没有国家统一标准的时代，对规范我国汽油清净剂市场起到了巨大作用。

3. 什么是车用汽油清净性?

清净性是车用汽油的一个重要指标，清净性良好的车用汽油能有效地抑制燃料系统、进气系统等处沉积物的生成，又能将已生成的沉积物迅速分散、清除，保持燃油喷嘴、进气阀和油路等部位的清洁，进而保证发动机工作性能正常发挥，使燃料的燃烧条件得以改善，并保持优良的排放特性。提高车用汽油清净性已经成为国内外环保部门、汽车和石化行业的共识。

4. 评价汽油清净性的标准方法有哪些？

目前，评价汽油清净性的标准方法主要是发动机台架试验和整车试验，国内采用的是 M111 发动机台架试验和 Ford2.3L 发动机台架试验。发动机台架评价方法是国际通行的最具权威性的评价手段，但其评价成本高、耗时较长，适合进行车用汽油清净剂的型式认证评价和车用汽油清净性的仲裁评价。

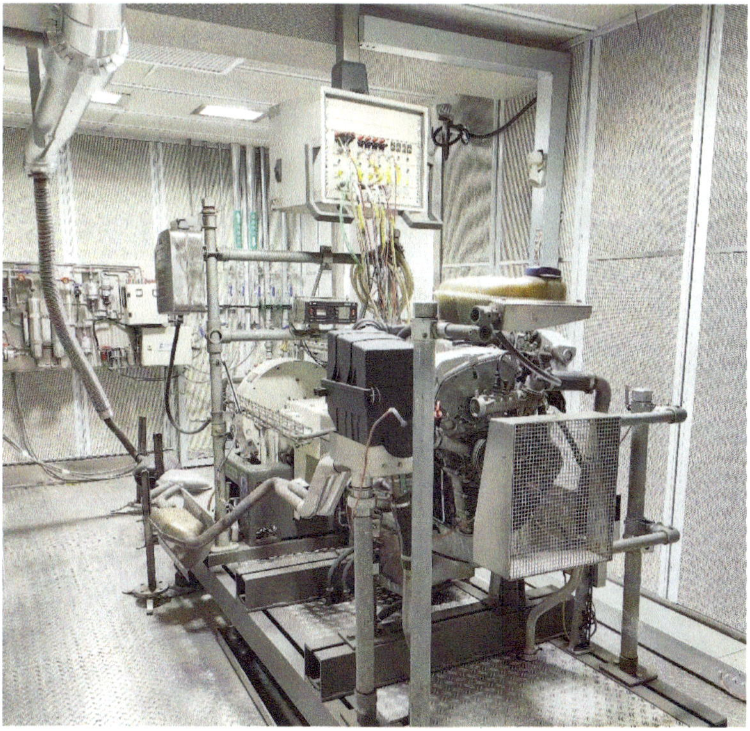

M111 发动机台架试验设备

5. 汽油中需要添加清净剂吗?

在汽油中添加清净剂是提高汽油清净性的一个必要手段，能降低积炭，维持发动机的性能，减缓排放恶化的趋势。北京市已实施地方汽油标准（DB 11-238），明确要求在北京销售的车用燃料应当按照规定添加车用油品清净剂。

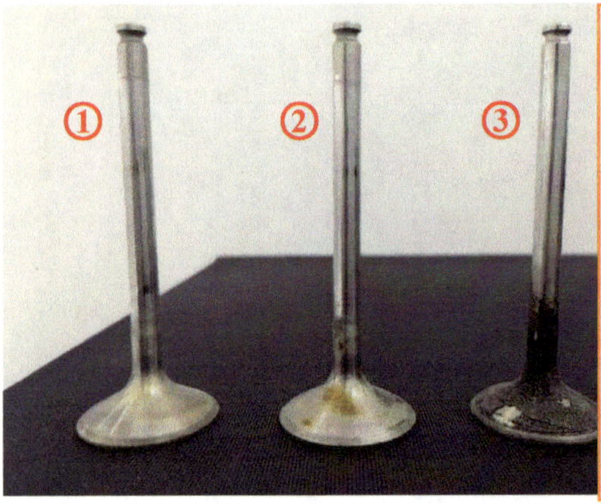

三种使用情况下的汽车发动机进气阀：
①一直使用添加清净剂的汽油；
②积炭后使用添加清净剂的汽油进行清洗；
③一直使用无清净剂的汽油

小知识

我的爱车需要添加“燃油宝”吗?

目前，市场上很多类似“燃油宝”的产品属于汽油添加剂的一种，一般来说，主要有效成分是汽油清净剂。

请大家在充分了解产品性能的前提下，根据车辆具体情况，确定是否需要添加使用！

第五章 车用尿素

1. 车用尿素水溶液是干什么用的?

车用尿素水溶液是指尿素浓度为 32.5%且溶剂为超纯水的尿素水溶液，是无色、透明、清澈的液体。车用尿素水溶液是柴油车氮氧化物还原剂，可以将汽车尾气中的氮氧化物转化成无害的氮气和水。为有效降低柴油车氮氧化物排放，满足排放要求，我国大部分柴油车采用了选择性催化还原（SCR）技术路线。SCR 技术燃油经济性好、对发动机改动小、对燃油和机油要求较低、在技术升级连续性上具有优势。SCR 系统必须利用尿素水溶液等对尾气中的氮氧化物进行处理，因此，车用尿素水溶液成为柴油车达到排放标准的必备产品之一。

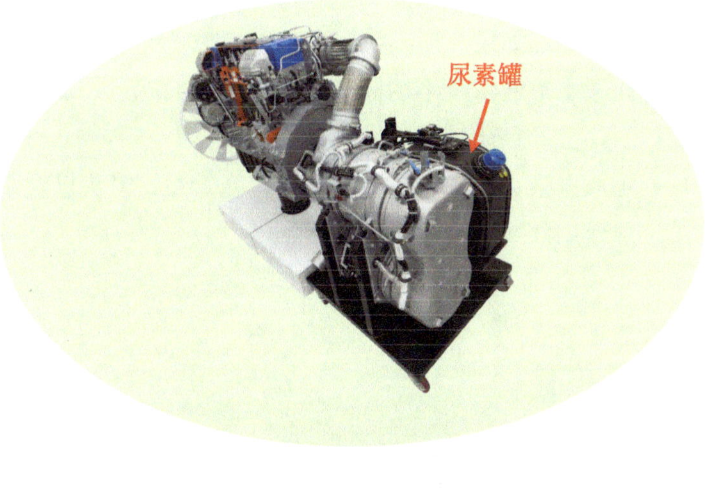

2. 为什么要及时添加尿素水溶液?

车用尿素水溶液是选择性催化还原系统的必备产品之一，已成为继燃油、润滑油、轮胎之后的第四大柴油汽车消耗品。对于安装SCR 的柴油车，只要汽车正常运行，就会消耗尿素水溶液。切不可以为了省钱而不去加尿素水溶液，或者屏蔽车辆 OBD 的尿素检测功能。否则，一是会影响车辆正常行驶，车辆 OBD 一旦检测到 NO_x 排放超标或尿素水溶液添加功能不正常，会限制发动机输出扭力；二是会导致车辆故障，尿素系统长时间不用容易发生堵塞等故障，后期维修费用会更高。

3. 尿素水溶液不达标有什么危害?

2013 年 5 月，国家质检总局和国家标准委联合发布《柴油发动机氮氧化物还原剂　尿素水溶液（AUS 32）》（GB 29518—2013）国家标准，对尿素水溶液的技术要求、试验方法、检验规则等提出了要求。不达标尿素水溶液对车辆重要零部件有以下危害：

- ➢ 尿素喷嘴处于高温环境中，需要通过尿素水溶液的循环进行冷却，如果长期不喷尿素溶液，喷嘴容易损坏；
- ➢ 尿素水溶液浓度不达标，会升高溶液的冰点，在寒冷工况下，会导致计量泵冻坏；
- ➢ 劣质尿素水溶液容易结晶，会堵塞管路、喷头以及泵体，导致局部或者整个系统损坏。

第六篇　机动车船使用常识篇

车辆等交通工具在我们的生产、生活中发挥着重要的作用，人们都会悉心保养自己的“爱车”。其实，很多人可能尚未意识到，“小行动，大环保”，普通人日常养成良好的用车习惯，能够为国家节能环保做出很大贡献。“机动车船使用常识篇”介绍了一些简单易行的节能环保使用习惯、检验与维护常识和绿色交通知识。本篇第一章和第二章由马冬编写，第三章由彭頔编写。

第一章
节能环保的使用习惯

1. 长时间怠速有什么危害?

安全危害

在空气流通不好的场所，长时间怠速排出的废气不易散发，容易使车内乘员吸入废气产生不适，严重的会导致人员中毒。

浪费燃料

发动机在长时间怠速时，会使车辆产生一些不必要的油耗，据估算10 min 的怠速将浪费 0.13 L 燃料。如果在夏天开空调的情况下长时间怠速，燃料浪费将更为严重。

损害车辆

怠速时发动机转速低，进气效率低，燃烧不完全，容易产生积炭，造成油耗升高、动力下降。

排气支管、三元催化器产生的热量需要通过空气流动进行冷却，长时间怠速导致发动机的部分高温部件散热困难，甚至会导致三元催化器因高温损坏。

2. 为什么不要急加速、急减速?

急加速和急减速都会造成油耗增加

× 车辆急加速时，发动机供油量突然增加，会导致燃油混合气变浓、燃烧不充分、耗油量升高；

× 车辆急减速时，制动强度一般较大，车辆需要消耗较大的动能才能实现迅速减速或停车。

避免急加速和急减速的小窍门

✓ 行车中要充分利用好车辆的惯性；

✓ 应提前正确估计交通信号的变化，及时地调整车速，避免在交叉路口每次都停车和突然制动，造成油耗增加；

✓ 跟车时保持合理车距，尽量减少急加速、急减速的次数。

3. 汽车超载有什么危害？

汽车超载行驶容易引发事故，也会缩短汽车使用寿命和加速零部件的老化。一是加大轮胎磨损，增加轮胎颗粒物排放，缩短轮胎寿命；二是发动机负荷加大，动力不足，导致发动机过热，加剧零部件的损坏，油耗和排放增加；三是弹簧钢板受力过重，运行中连续反弹，缩短寿命。此外，车体整体下沉，缩小与地面的距离，减弱汽车的通行能力。因此广大司机要遵守交通规则，拒绝超载，安全驾驶。

4. 汽车的经济时速是多少?

经济时速是指最省油的行驶速度，各种车型的经济时速有所不同，要仔细阅读车辆使用说明书，一般在 70～90 km/h。

在条件允许的情况，尽量按经济时速行驶，从而保证最佳的油耗和排放。低于或高于这个速度，油耗就会上升，排放也会增加。车速低时，活塞的运动速度低，燃烧不完全。车速高时，进气的速度增加导致进气阻力增加，同时风阻指数增加，这些都使得油耗排放增加。

5. 为什么高速行驶时最好不要开窗?

车辆在高速行驶时开窗，车辆与风接触发生摩擦会产生更强的噪声，同时增加行驶阻力，导致油耗和污染物排放增加。车辆高速行驶时不正确的开窗方式将导致车内气流不平衡，无法把车内异味排出。因此高速公路最好不要开窗，从而保持良好的驾乘环境，降低油耗和污染物排放。

6. 什么是绿波交通?

绿波交通指的是在一系列交叉路口上，安装一套具有一定周期的自动控制的联动信号，使主干道上的车流依次到达前方各交叉口时，均会遇上绿灯。这种绿波交通可以减少车辆在交叉口的停歇，提高了平均行车速度和通行能力，从而降低了车辆排放和能耗。安装有这种自动控制信号灯的交通线路称为“绿波带”，车辆在绿波带内到达每个路口都是绿灯的固定行驶速度称为“绿波速度”。

“绿波带”交通标识

7. 什么是卡车列队行驶?

卡车列队行驶是指两辆或者多辆卡车以相同速度保持 10～20 m 间距高速行驶，引导车和跟随车保持信息通畅，跟随车实现自动驾驶。高速行驶的重型卡车有 30%～35%的发动机功率输出是在克服风阻。一旦实现了 10～20 m 列队行驶，前车为后车进行破风，则可以大幅降低后车的风阻，为后车降低油耗 3%～5%，具有显著的经济效益和环境效益。随着未来自动驾驶技术的不断发展，卡车列队行驶将成为重要的发展趋势。

8. 为什么提倡夜间加油?

随着空气细颗粒物指标的不断改善，臭氧污染已成为我国很多城市影响空气质量的重要因素。加油站的油气挥发性有机物（VOCs）是形成臭氧的前体物之一，在夏季阳光足、气温高的条件下，会和空气中的氮氧化物发生光化学反应，造成臭氧浓度升高。夜间错峰加油，可以避开白天高温、高热及强光照时间，从而降低臭氧转换速度，有利于防治大气污染。

第二章 车辆检验与维护

1. 为什么要定期进行环保检验？

虽然新生产机动车经检验合格方可出厂销售，但是随着机动车使用年限的增长，发动机的零部件难免会产生老化、磨损，尤其是对于那些缺乏保养的汽车，排放控制系统功能劣化、排放升高的情况会更加严重。因此，需要对在用汽车进行定期检验，及时发现高排放车辆，并及时进行维修保养，防止汽车损坏及排放进一步恶化。

汽车排放检测线

2. 定期检验超标了怎么办?

《中华人民共和国大气污染防治法》第六十条要求在用机动车排放大气污染物超过标准的，应当进行维修；经维修或者采用污染控制技术后，大气污染物排放仍不符合国家在用机动车排放标准的，应当强制报废。2020 年 6 月，生态环境部、交通运输部、市场监管总局发布《关于建立实施汽车排放检验与维护制度的通知》，要求超标排放汽车所有人或使用人到汽车排放性能维护（维修）站维护修理，复检合格后方可上路行驶。

3. 机动车遥感检测不合格会怎样?

为加强机动车实际道路排放监管，2017 年 7 月环境保护部发布《在用柴油车排气污染物测量方法及技术要求（遥感检测法）》（HJ 845—2017）环境保护标准。

什么情况不达标?

依据标准，连续两次及以上同种污染物检测结果超过规定的排放限值，且测量时间间隔在 6 个自然月内，则判定受检车辆排放不合格。

不达标怎么处罚?

2017 年 5 月 1 日起，公安部交通管理局增加了“驾驶排放检验不合格的机动车上道路行驶的”交通违法行为代码 6063，依据《中华人民共和国道路交通安全法》第九十条规定，机动车驾驶人违反道路交通安全法律、法规关于道路通行规定的，处警告或者 20 元以上 200 元以下罚款。

4. 仪表盘 OBD 故障灯常亮是怎么回事?

车载诊断(OBD)系统是监控机动车排放状态的重要装置。OBD 系统可以实时监控发动机的运行状况和尾气后处理系统的工作状态，一旦发现有可能引起排放超标的情况，会马上发出警示，提醒车主及时进行维修。因此，仪表盘 OBD 故障灯常亮说明汽车出现故障，有可能是三元催化转化器、氧传感器这类排放控制装置发生问题，也有可能是出现了发动机失火等影响车辆使用寿命的故障。如果发现仪表盘 OBD 故障灯亮了，车主应及时进行维修，消除故障。

OBD 故障灯

第三章 绿色交通

1. 什么是绿色交通?

"绿色交通"概念最早由加拿大学者克里斯·布拉德肖（Chris Bradshaw）于 1994 年提出，目标在于解决大规模城市化与工业化建设背景下的城市环境污染问题，通过"绿化"交通以缓解城市拥堵，实现资源合理利用、最终达到可持续发展的目标。2017 年 11 月，交通运输部发布《关于全面深入推进绿色交通发展的意见》，提出客货运输结构持续优化、先进运输组织方式进一步推广、绿色出行比例显著提升、资源利用效率明显提高、清洁高效运输装备有效应用、污染排放得到有效控制、生态保护取得积极成效共七大目标。发展绿色交通与解决环境污染问题的可持续性发展概念一脉相承，是交通运输行业加强生态文明建设和实现绿色发展的战略举措。

2. 新能源汽车全生命周期减排吗?

新能源汽车可有效降低使用阶段的石油消耗和污染物排放，成为交通行业节能减排的重要途径之一。但从生命周期角度考虑，电力的生产传输、电池的生产回收等环节同样存在环境污染和温室气体排放问题。中国汽车工程学会的一项研究表明，从汽车生命周期的材料周期和燃料周期综合来看，新能源汽车依然有明显的节能减排效果。与传统燃油车相比，纯电动汽车温室气体减排 21%～33%，挥发性有机物（VOCs）和氮氧化物（NO_x）减排约 75%和 26%，由于我国电力以煤电为主，因此细颗粒物（$PM_{2.5}$）和二氧化硫（SO_2）减排效果不明显。未来应进一步提高可再生能源比例，推进汽车行业清洁生产，降低新能源汽车生命周期排放。

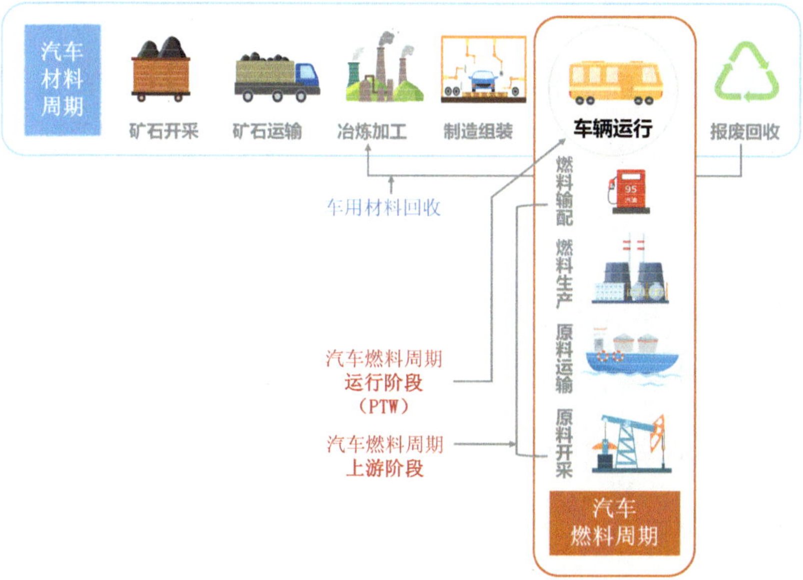

3. 公共交通都有哪些?

公共交通是指所有向大众开放并提供运输服务的交通方式，一般主要包括公共汽车、无轨电车、有轨电车、快速公交、地铁和出租汽车等客运营业系统，一些城市还有轮渡、缆车等特殊公共交通。公共交通工具有载量大、运送效率高、能源消耗低、相对污染小和运输成本低等优点，在交通干线上这些优点尤其明显。2020 年 7 月，交通运输部等 12 部门和单位联合印发《绿色出行行动计划（2019—2022 年）》，提出切实推进绿色出行，坚持公共交通优先发展。

4．什么是慢行交通？

慢行交通是相对于快速和高速交通而言的，一般出行速度不大于 15 km/h，是指把步行、自行车等慢速出行方式作为城市交通的主体。通过引导居民采用“步行+公交”的出行方式来缓解交通拥堵现状，减少汽车尾气污染，从而营造舒适、安全、便捷、清洁、宁静的城市环境。慢行交通是城市综合交通系统的重要组成部分，可提高短程出行效率、填补公交服务空白、促进交通可持续发展、保障弱势群体出行等，具有机动交通所无法替代的作用。